工程预算实务暨培训教材丛书

新编装饰装修工程预算

（定额计价与工程量清单计价）

（第二版）

主编　许焕兴　刘雅梅

中国建材工业出版社

图书在版编目（CIP）数据

新编装饰装修工程预算：定额计价与工程量清单计价/许焕兴，刘雅梅主编. —2 版. —北京：中国建材工业出版社，2013.8（2017.7 重印）
（工程预算实务暨培训教材丛书）
ISBN 978-7-5160-0548-4

Ⅰ. ①新…　Ⅱ. ①许…②刘…　Ⅲ. ①建筑装饰-建筑预算定额-技术培训-教材　Ⅳ. ①TU723.3

中国版本图书馆 CIP 数据核字（2013）第 184255 号

内 容 简 介

  本书根据 2002 年颁布的《全国统一装饰装修工程消耗量定额》、2013 年颁布的《建设工程工程量清单计价规范》（GB 50500—2013）和《房屋建筑与装饰工程工程量计算规范》（GB 50854—2013）、1995 年颁布的《全国统一建筑工程基础定额》编写。全面深入地介绍了定额计价方法与工程量清单计价方法及其实际案例。

  本书主要内容包括：装饰装修工程预算概述、简明识图、预算编制步骤、建筑面积计算方法、定额工程量计算、清单工程量计算、定额换算、各项费用计取、招标与投标、施工预算、竣工结算和决算、工程造价审核等。

  本书可作为装饰装修工程管理人员、工程概预算人员的参考用书，也可作为各类院校的教材或培训教材。

新编装饰装修工程预算（定额计价与工程量清单计价）（第二版）

主编　许焕兴　刘雅梅

出版发行：中国建材工业出版社
地 址：北京市海淀区三里河路 1 号
邮 编：100044
经 销：全国各地新华书店
印 刷：北京雁林吉兆印刷有限公司
开 本：787mm×1092mm　1/16
印 张：12.75
字 数：310 千字
版 次：2013 年 8 月第 2 版
印 次：2017 年 7 月第 3 次
定 价：**32.00 元**

本社网址：**www.jccbs.com.cn**

本书如出现印装质量问题，由我社发行部负责调换。联系电话：**（010）88386906**

本书编委会

主　编　许焕兴　刘雅梅

参　编　白雅君　王丽华　巴雪冰

　　　　许靖坤　李守巨　刘雅梅

　　　　上官子昌　李晓绯　王进明

第二版前言

本书是根据全国高等院校工程管理学科专业指导委员会的建议大纲，结合工程造价管理体制改革的现状以及未来的发展趋势，按照面向现代化、面向世界、面向未来的指导方针，以培养具有创新思维能力的复合型人才为目的而编写的。

《新编装饰装修工程预算》（定额计价与工程量清单计价）的第一版于 2005 年 10 月出版以来，得到了广大读者的充分认可。原书是以《全国统一建筑工程基础定额》（GJD 101—1995）、《全国统一建筑装饰装修工程消耗量定额》（GYD 901—2002）、《建设工程工程量清单计价规范》（GB 50500—2008）为依据，参照当时执行的相关规范编写。随着《中华人民共和国招投标法》、《中华人民共和国合同法》及《中华人民共和国建筑法》的贯彻实施，按照我国工程造价管理改革的总体目标，本着国家宏观调控、市场竞争形成价格的原则，由中华人民共和国住房和城乡建设部发布第 1567、1568 号公告，批准《建设工程工程量清单计价规范》（GB 50500—2013）和《房屋建筑与装饰工程工程量计算规范》（GB 50854—2013）为国家标准，自 2013 年 7 月 1 日起实施。为适应市场经济条件建筑业改革不断深入的新形势，贯彻执行新的规范，及时满足装饰装修工程造价行业人员及造价专业师生的需要，作者在原书的基础上进行了修订和补充。

本书编写时始终关注装饰装修工程的最新动态和未来走向，注意博采众家之长，加上作者多年的教学和实际工作经验，因而本书具有一定的超前性并具有很强的针对性、适用性和可操作性。本书覆盖面广、内容丰富、深入浅出、循序渐进、图文并茂、以图代言、案例经典、通俗易懂，必将成为广大实际工作者的"良师益友"。

本书在编写过程中参阅和借鉴了许多优秀教材、专著和有关文献资料，在此一并致谢。

由于作者的学识水平和实践经验所限，书中不当之处，恳请批评指正。

编者

2013 年 7 月

重印前言

本书是根据全国高等院校工程管理学科专业指导委员会的建议大纲，结合工程造价管理体制改革的现状以及未来的发展趋势，按照面向现代化、面向世界、面向未来的指导方针，以培养具有创新思维能力的复合型人才为目的而编写的。

《新编装饰装修工程预算》（定额计价与工程量清单计价）的第一版于 2005 年 10 月出版以来，得到了广大读者的充分认可。原书是以《全国统一建筑工程基础定额》（GJD 101—1995）、《全国统一建筑装饰装修工程消耗量定额》（GYD 901—2002）、《建设工程工程量清单计价规范》（GB 50500—2003）为依据，参照当时执行的相关规范编写。随着《中华人民共和国招投标法》、《中华人民共和国合同法》及《中华人民共和国建筑法》的贯彻实施，按照我国工程造价管理改革的总体目标，本着国家宏观调控、市场竞争形成价格的原则，由中华人民共和国住房和城乡建设部发布第 63 号公告，批准《建设工程工程量清单计价规范》（GB 50500—2008）为国家标准，自 2008 年 12 月 1 日起实施。为适应市场经济条件下建筑业改革不断深入的新形势，贯彻执行新的规范，及时满足装饰装修工程造价行业人员及造价专业师生的需要，作者在本书第一版原稿的基础上进行了修订和补充。

本书编写始终关注装饰装修工程的最新动态和未来走向，注意博采众家之长，加上作者多年的教学和实际工作经验，因而本书具有一定的超前性并具有很强的针对性、适用性和可操作性。本书覆盖面广、内容丰富、深入浅出、循序渐进、图文并茂、以图代言、案例经典、通俗易懂，必将成为广大工程技术人员的"良师益友"。

本书在编写过程中参阅和借鉴了许多优秀教材、专著和有关文献资料，在此一并致谢。

由于作者的学识水平和实践经验所限，书中不当之处，恳请批评指正。

编者

2009 年 1 月

前　言

　　本书是根据全国高等院校工程管理学科专业指导委员会的建议大纲，结合工程造价管理体制改革的现状以及未来的发展趋势，按照面向现代化、面向世界、面向未来的指导方针，以培养具有创新思维能力的复合型人才为目的而编写的。

　　加入世界贸易组织（WTO）以后，形势要求我们必须尽快建立起符合我国国情的、与国际惯例接轨的工程造价管理体制和计价模式，必须尽快培养出一批具有扎实的理论基础和较强的实践能力的工程造价管理第一线急需的人才。因此，本书在编写过程中十分注重理论与实际相结合，以现行的最新规范、法规、标准和定额为依据，尤其是以《全国统一建筑工程基础定额》、《全国统一建筑装饰装修工程消耗量定额》、《建设工程工程量清单计价规范》为基本依据，按照"政府宏观控制、市场竞争形成价格"的指导思想，全面深入地阐明了定额工程量和清单工程量的计算规则和方法，定额计价和清单计价的原理和方法，为在全国推行和贯彻"工程量清单计价"奠定了坚实的基础。

　　本书编写时始终关注装饰装修工程的最新动态和未来走向，注意博采众家之长，加上作者多年的教学和实际工作经验，因而本书具有一定的超前性并具有很强的针对性、适用性和可操作性。本书覆盖面广、内容丰富、深入浅出、循序渐进、图文并茂、以图代言、案例经典、通俗易懂，必将成为广大工程技术人员的"良师益友"。因此，本书既可作为高等院校相关专业的教材，又可作为社会相关行业的培训教材，还可成为建设主管部门、法律部门、审计部门、财务部门、建设单位、开发单位、施工单位、勘察设计单位、工程咨询单位、工程监理单位以及工程师、经济师、会计师、造价师、估价师、监理师、高层经营管理人员的工作参考书。

　　本书在编写过程中参阅和借鉴了许多优秀教材、专著和有关文献资料，在此一并致谢。

　　由于作者的学识水平和实践经验所限，书中不当之处，恳请批评指正。

许焕兴

2005 年 1 月于大连

目　　录

中国建材工业出版社
China Building Materials Press

我们提供

图书出版、图书广告宣传、企业/个人定向出版、设计业务、企业内刊等外包、代选代购图书、团体用书、会议、培训，其他深度合作等优质高效服务。

编辑部
010-68342167

图书广告
010-68361706

出版咨询
010-68343948

图书销售
010-68001605

设计业务
010-88376510转1008

邮箱：jccbs-zbs@163.com   网址：www.jccbs.com.cn

发展出版传媒   服务经济建设

传播科技进步   满足社会需求

第一章　装饰装修工程预算概述

第一节　装饰装修工程的概念

一、装饰装修工程的概念

建筑装饰装修工程，是指在工程技术与建筑艺术综合创作的基础上，对建筑物或构筑物的局部或全部进行修饰、装饰、点缀的一种再创作的艺术活动。

在建筑学中，建筑装饰和装修一般是不易明显区分的。通常，建筑装修系指为了满足建筑物使用功能的要求，在主体结构工程以外进行的装潢和修饰，如门、窗、阳台、楼梯、栏杆、扶手、隔断等配件的装潢，和墙、柱、梁、挑檐、雨篷、地面、天棚等表面的修饰。建筑装饰主要是为了满足人的视觉要求而对建筑物进行的艺术加工，如在建筑物内外加设的雕塑、绘画以及室内家具、器具等的陈设布置等。所以，装饰和装修仅在"粗"与"细"的程度方面存在着一定的区别，在实质方面并没有什么区别，即：二者都是为增加建筑物的耐用、舒适和美观程度而进行的技术与艺术的再创作活动。

二、装饰装修工程的设计原则和作用

（一）装饰装修工程的设计原则

我国房屋建筑设计历来遵循的原则是"适用、经济、美观"，对于装饰工程这些原则也同样适用。但随着科技的进步、生活质量的提高，注意安全也是必须遵循的一项原则。现代装饰材料有许多是易燃、有毒的有机合成材料，因此必须严格挑选。例如某商业大厦进行装饰时，一味追求高档次、现代化等，室内四壁均采用了有机合成装饰材料。夜间值班人员由于用电不慎造成火灾，伤亡数人，经济损失惨重。因此，对房屋建筑四壁或六壁进行装饰时，应根据不同性质建筑物的用途、功能等要求处理好"适用、经济、美观、安全"的关系，这是每一位建筑装饰设计人员和工程预算人员都应遵循的原则。

（二）装饰装修工程的作用

1. 具有丰富建筑设计和体现建筑艺术表现力的功能。

2. 具有保护房屋建筑不受风、雨、雪、雹以及大气的直接侵蚀，延长建筑物寿命的功能。

3. 具有改善居住和生活条件的功能。

4. 具有美化城市环境，展示城市艺术魅力的功能。

5. 具有促进物质文明与精神文明建设的作用。

6. 具有弘扬祖国建筑文化和促进中西方建筑艺术交流的作用。

第二节　装饰装修工程的分类

一、按装饰装修部位分类

按装饰装修部位的不同，可分为室内装饰（或内部装饰），室外装饰（外部装饰）和环境装饰等。

（一）内部装饰

内部装饰是指对建筑物室内所进行的建筑装饰，通常包括：

1. 楼地面；
2. 墙柱面、墙裙、踢脚线；
3. 天棚；
4. 室内门窗（包括门窗套、贴脸、窗帘盒、窗帘及窗台等）；
5. 楼梯及栏杆（板）；
6. 室内装饰设施（包括给排水与卫生设备、电气与照明设备、暖通设备、用具、家具以及其他装饰设施）。

内部装饰的作用：

1. 保护墙体及楼地面；
2. 改善室内使用条件；
3. 美化内部空间，创造美观舒适、整洁的生活和工作环境。

（二）外部装饰

外部装饰也称室外建筑装饰，通常包括：

1. 外墙面、柱面、外墙裙（勒脚）、腰线；
2. 屋面、檐口、檐廊；
3. 阳台、雨篷、遮阳篷、遮阳板；
4. 外墙门窗，包括防盗门、防火门、外墙门窗套、花窗、老虎窗等；
5. 台阶、散水、落水管、花池（或花台）；
6. 其他室外装饰，如楼牌、招牌、装饰条、雕塑等外露部分的装饰。

外部装饰的主要作用：

1. 保护房屋主体结构；
2. 保温、隔热、隔声、防潮等；
3. 使建筑物更加美观，点缀环境，美化城市。

（三）环境装饰

室外环境装饰包括围墙、院落大门、灯饰、假山、喷泉、水榭、雕塑小品、院内（或小区）绿化以及各种供人们休闲小憩的凳椅、亭阁等装饰物。室外环境装饰和建筑物内外装饰有机融合，形成居住环境、城市环境和社会环境的协调统一，营造一个幽雅、美观、舒适、温馨的生活和工作氛围。因此，环境装饰也是现代建筑装饰的重要配套内容。

二、按装修时间分类

（一）前期装饰

前期装饰也称前装饰，是指建筑物的工程结构施工完成后，按照建筑设计装饰施工图所进行的室内、外装饰施工，如内墙面抹灰，喷刷涂料，贴墙纸，外墙面水刷石、贴面砖等。也称为一般装饰、普通装饰、传统装修或粗装修。

（二）后期装饰

后期装饰是指原房屋的一般装饰已完工或尚未完工的情况下，依据用户的某种使用要求，对建筑物或构筑物的局部或全部所进行的内外装饰工程。目前社会上泛称的装饰工程，多数是指后期装饰，也有人称之为高级装饰工程或现代装饰工程。

第三节　装饰装修工程项目的划分

建设项目是一个有机整体，为什么要进行项目划分呢？一是有利于对项目进行科学管理，包括投资管理、项目实施管理和技术管理；二是有利于经济核算，便于编制工程概预算。我们知道，想要直接计算出整个项目的总投资（造价）是很难的，为了算出工程造价必须先把项目分解成若干个简单的、易于计算的基本构成部分，再计算出每个基本构成部分所需的工、料、机械台班消耗量和相应的价值，则整个工程的造价即为各组成部分费用的总和。为此，将建设项目由大到小划分为建设项目、单项工程、单位工程、分部工程和分项工程五个组成部分，它们之间的关系如图1-1所示。

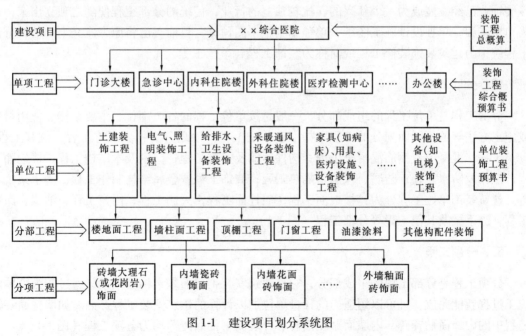

图 1-1　建设项目划分系统图

一、建设项目

建设项目亦称投资项目、建设单位，一般是指具有经批准按照一个设计任务书的范围进行施工，经济上实行统一核算，行政上具有独立组织形式的建设工程实体。建设项目一般来说由几个或若干个单项工程所构成，也可以是一个独立工程。在民用建设中，一所学校，一所医院，一所宾馆，一个机关单位等为一个建设项目；在工业建设中，一个企业（工厂）、矿山（井）为一个建设项目；在交通运输建设中，一条公路，一条铁路为一个建设项目。

二、单项工程

单项工程又称工程项目、单体项目，是建设项目的组成部分。单项工程具有独立的设计文件，单独编制综合预算，能够单独施工，建成后可以独立发挥生产能力或使用效益的工程。如一个学校建设中的各幢教学楼、学生宿舍、图书馆等；图 1-1 中的门诊大楼、内科住院楼、外科住院楼等都是单项工程。

三、单位工程

单位工程是单项工程的组成部分，具有单独设计的施工图纸和单独编制的施工图预算，可以独立组织施工，但建成后不能单独进行生产或发挥效益的工程。通常，单项工程要根据其中各个组成部分的性质不同分为若干个单位工程。例如，工厂（企业）的一个车间是单项工程，则车间厂房的土建工程、设备安装工程是单位工程；一幢办公楼的一般土建工程、建筑装饰工程、给水排水工程、采暖通风工程、煤气管道工程、电气照明工程均为一个单位工程。

需要说明的是，按传统的划分方法，装饰装修工程是建筑工程中一般土建工程的一个分部工程。随着经济发展和人们生活水平的普遍提高，工作、居住条件和环境正日益改善，建筑装饰业已经发展成为一个新兴的、比较独立的行业，传统的分部工程便随之独立出来，成为单位工程，单独设计施工图纸，单独编制施工图预算，目前，已将原来意义上的装饰分部工程统称为建筑装饰装修工程或简称为装饰工程（单位工程）。

四、分部工程

分部工程是单位工程的组成部分，一般是按单位工程的各个部位、主要结构、使用材料或施工方法等的不同而划分的工程。如土建单位工程可以划分为：土石方工程；桩基工程；砌筑工程；混凝土及钢筋混凝土工程；构件运输及安装工程；门窗及木结构工程；楼地面工程；屋面及防水工程；防腐、保温、隔热工程；装饰工程；金属结构制作工程；脚手架工程等。建筑装饰单位工程分为：楼地面工程，墙柱面工程，天棚工程，门窗工程，油漆、涂料工程，脚手架及其他工程等分部工程（图 1-1）。

五、分项工程

分项工程是分部工程的组成部分，它是建筑安装工程的基本构成因素，通过较为简单的施工过程就能完成，且可以用适当的计量单位加以计算的建筑安装工程产品。如墙柱面装饰工程中的内墙面贴瓷砖、内墙面贴花面砖、外墙面贴釉面砖等均为分项工程（图 1-1）。

分项工程是单项工程（或工程项目）的最基本的构成要素，它只是便于计算工程量和确定其单位工程价值而人为设想出来的"假定产品"，但这种假想产品对编制工程预算、招标标底、投标报价，以及编制施工作业计划进行工料分析和经济核算等方面都具有实用价值。企业定额和消耗量定额都是按分项工程甚至更小的子项进行列项编制的，建设项目预算文件（包括装饰项目预算）的编制也是从分项工程（常称定额子目或子项）开始，由小到大，分门别类地逐项计算归并为分部工程，再将各个分部工程汇总为单位工程预算或单项工程总预算。

第四节　装饰装修工程的内容、等级与标准

一、装饰装修工程的内容

房屋建筑装饰工程的内容，就装饰装修的范围而言，可分为室内建筑装饰、室内设备设施装饰和室外建筑结构及环境装饰三大部分。各部分装饰内容分述如下：

（一）室内建筑装饰

按其不同结构部位和内容（或称分部分项），可细分为室内墙柱面工程、楼地面工程、天棚工程、门窗工程、木装饰工程、涂装涂料裱糊工程和其他室内工程等的装饰装修。

1. 室内墙柱面装饰

通常是指墙、柱体（包括间壁墙、隔墙、隔断墙），结构施工完成后在其表面上所进行的各种不同材料的装饰装修。它包括传统装修中的一般抹灰、装饰抹灰（如内墙拉条、拉毛、喷涂等）、镶贴块料面层（如大理石板、花岗岩板、汉白玉板、瓷板等）和现代装饰面装饰（如玻璃幕墙、镭射玻璃饰面、镜面玻璃饰面等）。

2. 室内楼地面装饰

通常是指室内地面或楼面结构施工完成后，在其面层上所进行的各种不同材料的装饰装修。它包括传统装修中的一般水泥砂浆整体面层、块料面层（如大理石、花岗岩、汉白玉板、缸砖、水泥地砖、陶瓷锦砖等）和现代楼地面装饰（如地板革、地板块、木地板、地毯、橡胶板、玻璃钢、镭射玻璃、陶瓷砖、假麻石块等）。

3. 室内天棚装饰

通常是指屋架或屋面梁结构施工完成后，在其结构上所进行的各种不同材料的装饰装修。它包括传统装饰中的一般室内混凝土屋面板抹灰、喷浆、秫秸龙骨吊顶裱糊白纸、木龙骨吊顶麻刀青灰天棚和现代木、轻钢、铝合金龙骨吊顶的喷涂、石膏板、吸声板、夹丝玻璃、中空采光玻璃等天棚及装饰。

4. 室内门窗装饰

通常是指木、钢、铝合金、塑料、彩板、玻璃等材料的装饰装修。它包括制作、安装在内的各类入室（户）门、浴厕门、隔门、阳台门、纱门；各类室内前窗、后窗、隔墙窗、侧窗、采光窗、百叶窗、纱窗、窗台板；各类窗帘盒（箱）、窗帘、浴帘；各类室内门锁及门、窗五金等的装饰装修。

5. 室内木装饰

通常是指以各种硬木（如樟木、楠木、水曲柳等）、软木（如白松）、胶合板、木纹皮（纸）等木材的装饰，包括制作、安装在内的室内墙、柱、梁面（如墙裙、踢脚、挂镜线等）、地面、天棚、隔断、壁橱、阁楼及其他（如阳台护板、窗台、扶手、压条、装饰条、

家具、陈设）等的装饰装修。

6. 室内涂装、涂料装饰

涂料、辅料可统称涂料，属装饰材料。品种繁多，用途广泛。通常是指将黏性液体或粉状涂料，经配比调制成各种浆料或水质与油质涂料，用于木材、金属、水泥、混凝土、纸、塑料等制品表层上的装饰装修。涂料涂施于物体表层上不仅是一种工程装饰材料，而且还具有防腐、防锈、防潮等保护功能。

7. 室内其他建筑装饰

通常是指与上述室内建筑装饰有关的其他部位（如壁柜、挂柜、墙面油饰彩画、零星裱糊等）的装饰。

（二）室内设备、设施装饰

以民用建筑为例，通常是指工作、学习与生活上所需要的各种设备、设施上的装饰装修。它包括暖气设备、给排水与卫生设备、电气与照明设备和煤气设备。

1. 暖气设备装饰

通常是指供人们采暖用设备的装饰。它包括暖气管、阀门和各种暖气加罩（如挂板式、平墙式、明式、半凹半凸式等）的装饰。

2. 给排水卫生设备装饰

通常是指供人们用水与污水排放和浴厕器具的装饰。它包括给水与排水管、分户水表、阀门以及面盆、便器、浴缸等的装饰。

3. 电气与照明设备装饰

通常是指供电、电气器具与设备的装饰。它包括电气设备（如电灯、电话、电热水器等）明线暗敷、电气开关、各种灯具等的装饰。

4. 煤气设备装饰

通常是指供生产与生活用燃煤、燃油器具的装饰。它包括煤气发生器、灶具、管路、煤气表、阀门、煤气热水器等的装饰。

5. 其他设备装饰

指凡属与上述设备装饰有关的其他设备用具（如电加热器、取暖器、烤箱、消毒器等）的装饰。

需要强调的是，凡属室内设备的装饰装修，特别是家庭装饰时，必须注意室内暖气、卫生、电气和煤气等设备及管路的安全和使用功能要求，装饰时只能作外观处理并应符合有关方面的规定和要求。

（三）室外建筑结构与环境装饰

按房屋建筑用途、结构，对房屋室外建筑结构部位进行装饰装修及其周围环境美化、绿化，是现代建筑装饰工程不可忽视的重要组成内容。它可划分为室外建筑结构装饰和室外环境装饰两部分。

1. 室外建筑结构装饰：通常是指建筑物与构筑物自身的外部装饰。若按其不同结构部位和内容（或称分部分项），也可细分为室外墙、柱、廊面工程，屋面工程，散水与甬道工程，门窗工程，涂装涂料工程和其他室外工程等的装饰装修。

（1）室外墙、柱、廊面装饰，通常是指外墙、柱及附属工程（如外廊），结构施工完成后在其面层上所进行的各种不同材料的装饰装修。它包括一般外墙、柱、廊勾缝（清水墙）；外墙、柱、廊贴各种面砖（如陶瓷、大理石等）、拉毛、水刷石、剁斧石等混水墙、柱；须弥座、台基、女儿墙等的装饰装修。

（2）屋面装饰，通常是指室外屋顶的面层装饰装修。它包括各种屋面瓦、屋檐、飞檐屋脊及各种铁皮、塑料、橡胶等屋面材料的装饰装修。

（3）散水、甬道装饰，通常是指勒脚以外地面的装饰装修。它包括各种材料（如卵石、素混凝土、砖等）的散水、通往庭院和室内的通路等的装饰装修。

（4）门窗装饰，通常是指室外门窗的装饰装修。它包括室外防盗门（安全门）、防火门、太平门、月亮门和外墙窗及窗套、漏窗（花窗）、百叶窗、屋面以上的老虎窗、天窗、气窗等的装饰装修。

（5）涂装涂料装饰，通常是指室外各结构部位的装饰装修。它包括室外墙、柱、廊、屋面、门窗及其他零散部位的装饰装修。

（6）其他室外装饰，通常是指上述室外结构装饰以外的其他零星装饰装修。它包括店铺门面招牌、楼牌、压条、装饰条、美术字等的装饰装修。

2. 室外环境装饰

为形成与室内装饰装修相和谐的优美、清新的室外环境，对庭院、居住与生活小区的装饰，主要是指室外居住环境和城市、村镇生活环境的美化、绿化。它包括各种围墙、院门和街心公园、房屋之间的各种花草绿地、树木、灯饰、水榭、亭阁、小溪、小桥、假山、雕塑小品等的修饰、装点和点缀。

二、装饰装修工程等级与标准

（一）建筑等级

房屋建筑等级，通常按建筑物的使用性质和耐久性等划分为一级、二级、三级和四级，如表 1-1 所示。

表 1-1　建　筑　等　级

建 筑 等 级	建 筑 物 性 质	耐 久 性
一级	有代表性、纪念性、历史性建筑物，如国家大会堂、博物馆、纪念馆建筑	100 年以上
二级	重要公共建筑物，如国宾馆、国际航空港、城市火车站、大型体育馆、大剧院、图书馆建筑	50 年以上
三级	较重要的公共建筑和高级住宅，如外交公寓、高级住宅，高级商业服务建筑、医疗建筑、高等院校建筑	40～50 年
四级	普通建筑物，如居住建筑，交通、文化建筑等	15～40 年

（二）建筑装饰等级

一般来讲，建筑物的等级愈高，装饰标准也愈高。故根据房屋的使用性质和耐久性要求确定的建筑等级，应作为确定建筑装饰标准的参考依据。建筑装饰等级的划分是按照建筑等级并结合我国国情，按不同类型的建筑物来确定的，如表 1-2 所示。

表1-2　建筑装饰等级

建筑装饰等级	建筑物类型
高级装饰	大型博览建筑，大型剧院，纪念性建筑，大型邮电、交通建筑，大型贸易建筑，大型体育馆，高级宾馆，高级住宅
中级装饰	广播通讯建筑，医疗建筑，商业建筑，普通博览建筑，邮电、交通、体育建筑，旅馆建筑，高教建筑，科研建筑
普通装饰	居住建筑，生活服务性建筑，普通行政办公楼，中、小学建筑

（三）建筑装饰标准

根据不同建筑装饰等级的建筑物的各个部位使用的材料和做法，按照不同类型的建筑来区分装饰标准，如表1-3～表1-5所示。

表1-3　高级装饰建筑的内、外装饰标准

装饰部位	内装饰材料及做法	外装饰材料及做法
墙面	大理石、各种面砖、塑料墙纸（布），织物墙面、木墙裙、喷涂高级涂料	天然石材（花岗岩）、饰面砖、装饰混凝土、高级涂料、玻璃幕墙
楼地面	彩色水磨石、天然石料或人造石板（如大理石）、木地板、塑料地板、地毯	
顶棚	铝合金装饰板、塑料装饰板、装饰吸声板、塑料墙纸（布）、玻璃天棚、喷涂高级涂料	外廊、雨篷底部，参照内装饰
门窗	铝合金门窗、一级木材门窗、高级五金配件、窗帘盒、窗台板、喷涂高级油漆	各种颜色玻璃铝合金门窗、钢窗、遮阳板、卷帘门窗、光电感应门
设施	各种花饰、灯具、空调、自动扶梯、高档卫生设备	

表1-4　中级装饰建筑的内、外装饰标准

装饰部位		内装饰材料及做法	外装饰材料及做法
墙面		装饰抹灰、内墙涂料	各种面砖、外墙涂料、局部天然石材
楼地面		彩色水磨石、大理石、地毯、各种塑料地板	
顶棚		胶合板、钙塑板、吸声板、各种涂料	外廊、雨篷底部，参照内装饰
门窗		窗帘盒	普通钢、木门窗、主要入口铝合金门
卫生间	墙面	水泥砂浆、瓷砖内墙裙	
	地面	水磨石、马赛克	
	顶棚	混合砂浆、纸筋灰浆、涂料	
	门窗	普通钢、木门窗	

表1-5　普通装饰建筑的内、外装饰标准

装饰部位	内装饰材料及做法	外装饰材料及做法
墙面	混合砂浆、纸筋灰、石灰浆、大白浆、内墙涂料、局部油漆墙裙	水刷石、干粘石、外墙涂料、局部面砖
楼地面	水泥砂浆、细石混凝土、局部水磨石	
顶棚	直接抹水泥砂浆、水泥石灰浆、纸筋石灰浆或喷浆	外廊、雨篷底部，参照内装饰
门窗	普通钢、木门窗，铁质五金配件	

第五节　装饰装修工程预算的作用与分类

建筑装饰装修工程预算是根据不同设计阶段的设计图纸，根据规定的建筑装饰装修工程消耗量定额和由市场确定的综合单价等资料，按一定的步骤预先计算出的装饰装修工程所需全部投资额的造价文件。建筑装饰装修工程按不同的建设阶段和不同的作用，编制设计概算、施工图预算、招标工程标底、投标报价和工程决算。在实际工作中，人们常将装饰工程设计概算和施工图预算统称为建筑装饰装修工程预算或装饰工程概预算。

一、建筑装饰工程预算在工程中的作用

建筑装饰工程预算对正规管理装饰工程造价、降低装饰工程成本、合理开支起着重要的作用。因此，建筑装饰工程预算在工程中所起的作用可归纳为以下几点：

（1）它是确定建筑装饰工程造价的重要文件。建筑装饰工程预算的编制，是根据建筑装饰工程设计图纸和有关预算定额等正规文件进行认真计算后，经有关单位审批确认的具有一定法令效力的文件，它所计算的总造价包括了工程施工中的所有费用，是被有关各方共同认可的工程造价，没有特殊情况均应遵照执行。它同建筑装饰工程的设计图纸和有关批文一起，构成一个建设项目或单（项）位工程的工程执行文件。

（2）它是选择和评价装饰工程设计方案的衡量标准。由于各类建筑装饰工程的设计标准、构造形式、工艺要求和材料类别等的不同，都会如实地反映到建筑装饰工程预算上来，因此，我们可以通过建筑装饰工程预算中的各项指标，对不同的设计方案进行分析比较和反复认证，从中选择艺术上美观、功能上适用、经济上合理的设计方案。

（3）它是控制工程投资和办理工程款项的主要依据。经过审批的建筑装饰工程预算是资金投入的准则，也是办理工程拨款、贷款、预支和结算的依据，如果没有这项依据，执行单位有权拒绝办理任何工程款项。

（4）它是签订工程承包合同、确定招标标底和投标报价的基础。建筑装饰工程预算一般都包含了整个工程的施工内容，具体的实施要求都以合同条款的形式加以明确，以备核查；而对招标投标工程的标底和报价，也是在建筑装饰工程预算的基础上，依具体情况进行适当调整而加以确定的。因此，没有一个完整的概预算书，就很难具体订立合同的实施条款和招标投标的标价价格。

（5）建筑装饰工程（概）预算是做好工程进展阶段的备工备料和计划安排的主要依据。建设单位对工程费用的筹备计划、施工单位对工程的用工安排和材料准备计划等，都是以（概）预算所提供的数据为依据进行安排的。因此，编制（概）预算的正确与否，将直接影响到准备工作安排的质量。

二、建筑装饰工程预算的种类

由于建筑装饰工程设计和施工的进展阶段不同，建筑装饰工程的预算可分为：建筑装饰工程的设计预算、施工图预算、施工预算和建筑装饰工程的竣工结（决）算等。

当建筑装饰工程只是作为某个单项工程中的一个单位工程时，它就成为整个建筑安装工程的一个组成部分，这时它又可以按建筑安装工程的规模大小进行分类，可分为：

单位工程预算、单项工程综合预算、工程建设其他费用预算和建设工程项目总预算等。由于这种分类对建筑装饰工程来说，不是可以独立存在的，故建筑装饰工程一般都按前一种类别进行分类。

（一）按工程设计和施工的进展阶段分类

1. 建筑装饰工程设计概算

建筑装饰工程设计概算是指：设计单位根据工程规划或初步设计图纸、概算定额、取费标准及有关技术经济资料等，编制的建筑装饰工程所需费用的概算文件。它是编制基本建设年度计划、控制工程拨贷款、控制施工图纸预算和实行工程大包干的基本依据。

设计概算应由设计单位负责编制，它包括概算编制说明、工程概算表和主要材料用工汇总表等内容。

2. 建筑装饰工程施工图预算

建筑装饰工程施工图预算是指：建筑装饰工程在设计概算批准后，在建筑装饰工程施工图纸设计完成的基础上，由编制单位根据施工图纸、装饰工程基础定额和地区费用定额等文件，编制的一种单位装饰工程预算价值的工程费用文件。它是确定建筑装饰工程造价、签订工程合同、办理工程款项和实行财务监督的依据。

施工图预算一般由施工单位编制，但建设单位在招标工程中也可自行编制或委托有关单位进行编制，以便作为招标投标标底的依据。施工图预算的内容包括：预算书封面、预算编制说明、工程预算表、工料汇总表和图纸会审变更通知等。

3. 建筑装饰工程施工预算

建筑装饰工程施工预算是指：施工单位在签订合同后，根据施工图纸、施工定额和有关资料计算出施工期间所应投入的人工、材料和金额等数量的一种内部工程预算。它是施工企业加强施工管理、进行工程成本核算、下达施工任务和拟订节约措施的基本依据。

施工预算由施工承包单位编制，施工预算的内容包括：工程量计算、人工材料数量计算、两算对比和结果的整改措施等。

4. 建筑装饰工程竣工结（决）算

建筑装饰工程的竣工结（决）算是指工程竣工验收后的结算和决算。竣工结算是以单位工程图预算为基础，补充实际工程中所发生的费用内容，由施工单位编制的一种结算工程款项的财务结算。

竣工决算是以单位工程的竣工结算为基础，对工程的预算成本和实际成本，或对工程项目的全部费用开支，进行最终核算的一项财务费用清算。

它们是考核建筑装饰工程预算完成额和执行情况的最终依据。

（二）按工程规模大小分类

当建筑装饰工程融合到建筑安装工程中，成为其中一个单位工程时，它的类别就统一纳入到建筑安装工程内，依建筑安装工程进行分类。建筑安装工程的类别，除可按工程进展阶段进行分类外，还可按工程规模大小分为以下几类。

1. 单位工程（概）预算

单位工程（概）预算是指某个单位工程施工时所需工程费用的（概）预算文件，它按不同的单位工程图纸和相应定额，编制成不同的工程（概）预算，如土建工程（概）预算、给排水工程（概）预算、电气照明工程（概）预算、装饰工程（概）预算等。

2. 单项工程综合（概）预算

单项工程综合（概）预算是指由所辖各个单位工程从土建到设备安装，所需全部建设费用的综合文件。它是由各个单位工程的（概）预算汇编而成。

3. 工程建设其他费用（概）预算

工程建设其他费用（概）预算是指按照国家规定应在建设投资费用中支付的，除建筑安装工程费、设备购置费、工器具及生产家具购置费和预备费以外的一些费用，如土地青苗补偿费、安置补助费、建设单位管理费、生产职工培训费等的（概）预算。它以独立的项目列入综合（概）预算或总（概）预算中。

4. 建设工程项目总（概）预算

建设工程项目总（概）预算是指某个建设工程项目从筹建到竣工验收所需全部建设费用的文件。它是由所辖各个单项工程综合（概）预算、工程建设其他费用（概）预算等进行汇编后，再加入预备费编制而成。

（三）建筑装饰工程（概）预算间的相互关系

建筑装饰工程（概）预算与建筑装饰工程设计阶段之间、工程概算与工程预算之间是互有联系的。因为建筑装饰工程（概）预算是体现建筑装饰工程设计本身价值的一份经济文件，是整个建筑装饰工程设计文件的一个组成部分，因此，各类建筑装饰工程（概）预算都是与工程的阶段设计图纸紧密相连的。在工程的进展阶段、设计图纸、概预算及其依据等之间有如下的相互关系：

建筑装饰工程（概）预算相互关系总览

阶段 进展名称	规划设计或 初步设计阶段	→	施工图 设计阶段	→	施工图 实施阶段	→	竣工 验收阶段
概预算名称	工程设计概算	≥	施工图预算	≥	施工预算	<	竣工结（决）算
图纸依据	规划设计图或 初步设计图	→	施工设计图	=	施工设计图	→	竣工图
定额依据	概算指标或 概算定额	概括	基础定额	包含	施工定额		在施工图纸预算 的基础上增减

由上述可知，设计概算是工程概预算的最高限额，施工图预算一般不得超过设计概算，因为施工设计图是对初步设计图方案的具体化"配备图纸"，而概算定额也是由基础定额概括而成的，故此它一般不会突破初步设计方案的总体框架。

施工预算一般也不得超过施工图预算，如果超过就说明产生负投资，这时就必须找出"超支"的原因，拟订一些改进措施加以消除。

竣工结（决）算是核算、检查和清理上述概预算的执行结果。

（四）设计概算、施工图预算、施工预算和工程决算的比较分析

分析上述各类预算可以发现，它们是属于不同层次的预算文件，有相同之处，更有其区别，表1-6是对比分析结果。

表 1-6 装饰设计概算、施工图预算、施工预算和工程决算的比较分析

项　目	设计概算	施工图预算	施工预算	工程决（结）算
编制时间	初步设计阶段后	施工图设计后	项目开工前	工程竣工后
编制单位	一般为设计单位	一般为施工企业	施工单位（队）	施工企业
定额及图纸依据	概算定额、概算指标、初步设计图纸	预算定额、施工图纸	施工定额、施工图纸	预算定额、竣工图纸
编制对象范围	装饰（工程）项目	装饰单位工程	单位工程或分部（分项）工程	装饰单位工程
编制目的	控制装饰项目总投资	工程造价（工程预算成本、标底）	内部经济核算（工程计划、成本报价）	最后确定工程实际造价
编制深度	工程项目总投资概算	详细计算的造价、金额，比概算的精确	准确计算工料，是考虑节约、提效后的计划成本额	与建筑装饰实体相符的详细造价，精度同施工图预算

第二章 简明装饰装修工程识图

第一节 装饰装修工程施工图的基本概念

一、装饰装修构造项目的概念

建筑装饰施工图用来表明建筑室内外装饰的形式和构造，其中必然会涉及到一些专业上的问题，我们要看懂建筑装饰施工图，必须要熟悉建筑装饰构造上的基本知识，否则将会成为读图的障碍。下面即以一般图纸常常涉及到的构造项目，简要介绍其概念，详细的构造知识则需要在其他专业课程中去补充。

（一）室外构造项目

1. 檐头即屋顶檐门的立面，常用琉璃、面砖等材料饰面。

2. 外墙是室内外中间的界面，一般常用面砖、琉璃、涂料、石渣、石材等材料饰面，有的还用玻璃或铝合金幕墙板做成幕墙，使建筑物明快、挺拔，具有现代感。

3. 幕墙是指悬挂在建筑结构框架表面的非承重墙，它的自重及受到的风荷载是通过连接件传给建筑结构框架的。玻璃幕墙和铝合金幕墙主要是由玻璃或铝合金幕墙板与固定它们的金属型材骨架系统两大部分组成。

4. 门头是建筑物的主要出入口部分，它包括雨篷、外门、门廊、台阶、花台或花池等。

5. 门面单指商业用房，它除了包括主出入门的有关内容以外，还包括招牌和橱窗。

6. 室外装饰一般还有阳台、窗头（窗洞口的外向面装饰）、遮阳板、栏杆、围墙、大门和其他建筑装饰小品等项目。

（二）室内构造项目

1. 天棚也称天棚、天花板，是室内空间的顶界面。天棚装饰是室内装饰的重要组成部分，它的设计常常要从审美要求、物理功能、建筑照明、设备安装、管线敷设、检修维护、防火安全等多方面综合考虑。

2. 楼地面是室内空间的底界面，通常是指在普通水泥或混凝土地面和其他地层表面上所做的饰面层。

3. 内墙（柱）面是室内空间的侧界面，经常处于人们的视觉范围内，是人们在室内接触最多的部位，因而其装饰常常要从艺术性、使用功能、接触感、防火及管线敷设等方面综合考虑。

4. 建筑内部在隔声和遮挡视线上有一定要求的封闭型非承重墙，称为隔墙；完全不能隔声的不封闭的室内非承重墙，称为隔断。隔断一般制作都较精致，多做成镂空花格或折叠式，有固定也有活动的，它主要起划定室内小空间的作用。

5. 内墙装饰形式非常丰富。一般习惯将高度在1.5m以上的、用饰面板（砖）饰面的墙面装饰形式称为护壁，护壁高度在1.5m以下的又称为墙裙。在墙体上凹进去一块的装饰形式称为壁龛，墙面下部起保护墙脚面层作用的装饰构件称为踢脚。

6. 室内门窗的形式很多，按材料分为铝合金门窗、木门窗、塑钢门窗、钢门窗等；按开启方式分，门有平开、推拉、弹簧、转门、折叠等，窗有固定、平开、推拉、转窗等。另外还有厚玻璃装饰门等。

门窗的装饰构件有：贴脸板（用来遮挡靠里皮安装门、窗产生的缝隙）、窗台板（在窗下槛内侧安装，起保护窗台和装饰窗台面的作用）、筒子板（在门窗洞口两侧墙面和过梁底面用木板、金属、石材等材料包钉镶贴）等。筒子板通常又称门、窗套。此外窗还有窗帘盒，用来安装窗帘轨道，遮挡窗帘上部，增加装饰效果。

7. 室内装饰还有楼梯踏步、楼梯栏杆（板）、壁橱和服务台、柜（吧）台等。装饰构造名目繁多，不胜枚举，在此不一一赘述。

以上这些装饰构造的共同作用是：一方面保护主体结构，使主体结构在室内外各种环境因素作用下具有一定的耐久性；另一方面是为了满足人们的使用要求和精神需求，进一步实现建筑的使用和审美功能。

室内装饰的部分构造概念如图 2-1 所示。

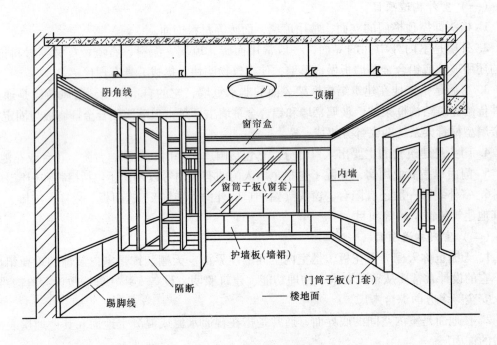

图 2-1　室内装饰构造概念

二、装饰装修工程施工图的概念

（一）装饰装修工程施工图的概念

建筑设计人员，按照国家的建筑方针政策、设计规范、设计标准，结合有关资料（如建设地点的水文、地质、气象、资源、交通运输条件等）以及建设项目委托人提出的具体要求，在经过批准的初步（或扩大初步）设计的基础上，运用制图学原理，采用国家统一规定的符号、线型、数字、文字来表示拟建建筑物或构筑物以及建筑设备各部位之间的空间关系及其实际形状尺寸的图样，并用于拟建项目的施工建造和编制预算的一整套图纸，叫作建筑工程施工图。建筑工程施工图一般需用的份数较多，因而需要复制。由于复制出来的图纸多为蓝色，所以习惯上又把建筑工程施工图称作蓝图。

用于建筑装饰装修施工的蓝图称作建筑装饰装修工程施工图。建筑装饰装修工程施工图与建筑工程施工图是不能截然分开的，除局部部位另绘制外，一般都是在建筑施工图的基础上加以标注或说明。

（二）装饰装修工程施工图的作用

装饰装修工程施工图不仅是建设单位（业主）委托施工单位进行施工的依据，同时，也是工程造价师（员）计算工程数量、编制工程预算、核算工程造价、衡量工程投资效益的依据。

（三）装饰装修工程施工图的特点

虽然建筑装饰施工图与建筑施工图在绘图原理和图示标识形式上有许多方面基本一致，但由于专业分工不同，图示内容不同，总还是存在一定的差异。其差异反映在图示方法上主要有以下几个方面：

1. 由于建筑装饰工程涉及面广，它不仅与建筑有关，与水、暖、电等设备有关，与家具、陈设、绿化及各种室内配套产品有关，还与钢、铁、铝、铜、木等不同材质的结构处理有关。因此，建筑装饰施工图中常出现建筑制图、家具制图、园林制图和机械制图等多种画法并存的现象。

2. 建筑装饰施工图所要表达的内容多，它不仅要标明建筑的基本结构（是装饰设计的依据），还要表明装饰的形式、结构与构造。为了表达翔实，符合施工要求，装饰施工图一般都是将建筑图的一部分加以放大后进行图示，所用比例较大，因而有建筑局部放大图之说。

3. 建筑装饰施工图图例部分无统一标准，多是在流行中互相沿用，各地多少有点大同小异，有的还不具有普遍意义，不能让人一望而知，需加文字说明。

4. 标准定型化设计少，可采用的标准图不多，致使基本图中大部分局部和装饰配件都需要专画详图来标明其构造。

5. 建筑装饰施工图由于所用比例较大，又多是建筑物某一装饰部位或某一装饰空间的局部图示，笔力比较集中，有些细部描绘比建筑施工图更细腻。比如将大理石板画上石材肌理，玻璃或镜面画上反光，金属装饰制品画上抛光线等。使图像真实、生动，并具有一定的装饰感，让人一看就懂，构成了装饰施工图自身形式上的特点。

第二节　装饰装修工程施工图形成原理

一、投影原理

（一）投影的概念

在光线的照射下，人和物在地面或墙面上产生影子的现象，早已为人们所熟知。人们经过长期的实践，将这些现象加以抽象，分析研究和科学总结，从中找出影子和物体之间的关系，用以指导工程实践。这种用光线照射形体，在预先设置的平面上投影产生影像的方法，称之为投影法。光源称为投影中心，从光源射出的光线称为投影线；预设的平面称为投影面；形体在预设的平面上的影像，称为形体在投影面上的投影。投影中心、投射线、空间形体、投影面以及它们所在的空间称为投影体系，如图2-2所示。

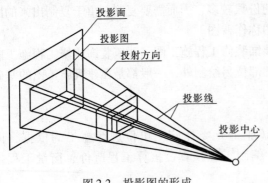

图2-2　投影图的形成

（二）投影的分类和工程图的种类

根据投影中心与投影面之间距离的不同，投影法分为中心投影法和平行投影法两大类，如图2-3所示。

1. 中心投影法

当投影中心距离投影面有限远时，所有的投射线都经过投影中心（即光源），这种投影法称为中心投影法，所得投影称为中心投影。中心投影常用于绘制透视图，在表达室外或室内装饰效果时常用这种图样来表示，如图2-3a所示。

2. 平行投影法

当投影中心距离投影面为无限远时，所有的投射线都相互平行，这种投影法称为平行投影法，所得投影称为平行投影。根据投射线与投影面的关系，平行投影又分为正投影和斜投影两种。斜投影主要用来绘制轴测图，这种图样具有立体感（图2-3b）；正投影也称直角投影（图2-3c）在工程上应用最广，主要用来绘制各种工程图样；其中标高投影图是一种单面正投影图，用来表达地面的形状。假想用间隔

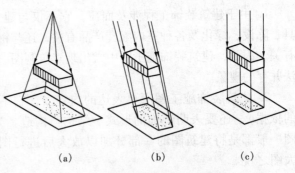

图2-3　投影法
(a) 中心投影；(b) 斜投影；(c) 正投影

相等的水平面截割地形面，其交线即为等高线，将不同高程的等高线投影在水平的投影面上，并标出各等高线的高程数字，即得标高投影图。

（三）正投影及正投影规律

《房屋建筑制图统一标准》图样画法中规定了投影法：房屋建筑的视图，应按正投影法

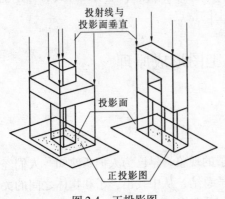

图2-4　正投影图

并用第一角画法绘制。建筑制图中的视图就是画法几何中的投影图。它相当于人们站在离投影面无限远处，正对投影面观看形体的结果。也就是说在投影体系中，把光源换成人的眼睛，把光线换成视线，直接用眼睛观看的形体形状与在投影面上投影的结果相同。

采用正投影法进行投影所得的图样，称为正投影图，如图2-4所示。正投影图的形成及其投影规律如下：

1. 三面正投影图的形成

（1）单面投影

台阶在 H 面的投影（H 投影）仅反映台阶的长度和宽度，不能反映台阶的高度。我们还可以想象出不同于台阶的其他形体的投影，它们的 H 投影都与台阶的 H 投影相同。因此，单面投影不足以确定形体的空间形状和大小。

（2）两面投影

在空间建立两个相垂直的投影面，即正立投影面和水平投影面，其交线称为投影轴。将三棱体（两坡屋顶模型）放置于 H 面之上，V 面之前，使该形体的底面平行于 H 面，按正投影法从上向下投影，在 H 面上得到水平投影，即形体上表面的形状，它反映出形体的长度和高度。若将形体在 V 面和 H 面的投影综合起来分析、思考，即可得到三棱体长、宽、高三个方向的形状和大小。

（3）正面投影

有时仅凭两面投影，也不足以惟一确定形体的形状和大小。为了确切地表达形体的形状特征，可在 V、H 面的基础上再增设一右侧立面（W 面），于是 V、H、W 三个垂直的投影面，构成了第一角三投影面体系，三根坐标轴互相垂直，其交点称为原点，如图 2-5 和图 2-6 所示。

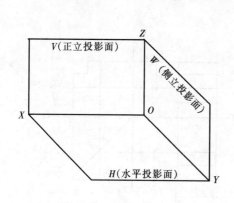

图 2-5　三投影面的建立

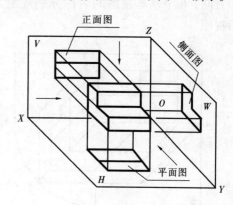

图 2-6　投影图的形成

2. 三面正投影规律及尺寸关系

每个投影图（即视图）表示形体一个方向的形状和两个方向的尺寸。V 投影图（即主视图）表示从形体前方向后看的形状和长与高方向的尺寸；H 投影图（即俯视图）表示从形体上方向下俯视的形状和长与宽方向的尺寸；W 投影图（即左视图）表示从形体左方向右看的形状和宽与高方向的尺寸。因此，V、H 投影反映形体的长度，这两个投影左右对齐，这种关系称为"长对正"；V、W 投影反映形体的高度，这两个投影上下对齐，这种关系称为"高平齐"；H、W 投影反映形体的宽度，这种关系称为"宽相等"。"长对正、高平齐、宽相等"是正投影图重要的对应关系及投影规律，如图 2-7 所示。

3. 三面正投影图与形体的方位关系

在投影图上能反映出形体的投影方向及位置关系，V 投影反映形体的上下和左右关系，H 投影反映形体的左右和前后关系，W 投影反映形体的上下和前后关系。

（四）建筑形体的基本视图和镜像投影法

1. 基本视图

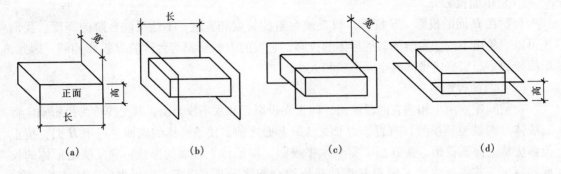

图 2-7　形体的长、宽、高

在原有三面投影体系 V、H、W 的基础上，再增加三个新的投影面 V_1、H_1、W_1，可得到六面投影体系，形体在此体系中向各投影面作正投影时，所得到的 6 个投影图即称为 6 个基本视图。投影后，规定正面不动，把其他投影面展开到与正面成同一平面（图纸），如图 2-8 所示。展开以后，6 个基本视图的排列关系如在同一张图纸内而不用标注视图的名称。按其投影方向，6 个基本视图的名称分别规定为：主视图、俯视图、左视图、右视图、仰视图、后视图。

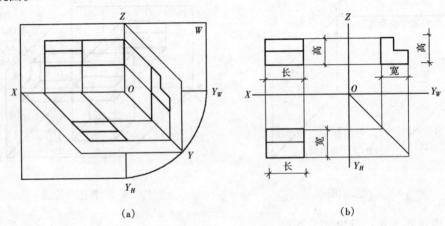

图 2-8　投影面展开
(a) 展开；(b) 投影图

在建筑制图中，对视图图名也作出了规定：由前向后观看形体在 V 面上得到的图形，称为正立面图；由上向下观看形体在 H 面上得到的图形，称为平面图；由左向右观看形体在 W 面上得到的图形，称为左侧立面图；由下向上观看形体在 H_1 面上得到的图形，称为底面图；由后向前观看形体在 V_1 面上得到的图形，称为背立面图；由右向左观看形体在 W_1 面上得到的图形，称为右侧立面图。这 6 个基本视图如在同一张图纸上绘制时，各视图的位置宜按顺序进行配置，并且每个视图一般均应标注图名。图名宜标注在视图下方或一侧，并在图名下用粗实线绘一条横线，其长度应以图名所占长度为准。

制图标准中规定了 6 个基本视图，不等于任何形体都要用 6 个基本视图来表达；相反，在考虑到看图方便，并能完整、清晰地表达形体各部分形状的前提下，视图的数量应尽可能减少。6 个基本视图间仍然应满足与保持"长对正、高平齐、宽相等"的投影规律。

2. 镜像投影法

当视图用第一角画法绘制不易表达时，可用镜像投影法绘制，但应在图名后注写"镜像"二字，或画出镜像投影识别符号。

二、剖面图、截面图

（一）剖面图

1. 剖面图的概念

在画形体投影图时，形体上不可见的轮廓线在投影图上需用虚线画出。这样，对于内部形状复杂的形体，例如一幢房屋，内部有各种房间、走廊、楼梯、门窗、基础等，如果用虚线来表示这些看不见的部分，必然导致图面虚实线交错，混淆不清，既不利于标注尺寸，也不容易读图。为了解决这个问题，可以假想将形体剖开，让它的内部构造显露出来，使形体的不可见部分变为可见部分，从而可用实线表示其形状。

用一个假想的剖切平面将形体剖切开，移去观察者和剖切平面之间的部分，作出剩余部分的正投影，叫作剖面图。

2. 剖面图的标注

剖面图本身不能反映剖切平面的位置，在其他投影图上必须标注出剖切平面的位置及剖切形式。剖切位置及投影方向用剖切符号表示，剖切符号由剖切位置线及剖视方向线组成。这两种线均用粗实线绘制。剖切位置线的长度一般为 6 ~ 16mm。剖视方向线应垂直于剖切位置线，长度为 4 ~ 6mm，剖切符号应尽量不穿越图画上的图线。为了区分同一形体上的几个剖面图，在剖切符号上应用阿拉伯数字加以编号，数字应写在剖视方向线的一边。在剖面图的下方应写上相应的编号，如 X—X 剖面图，如图 2-9 所示。

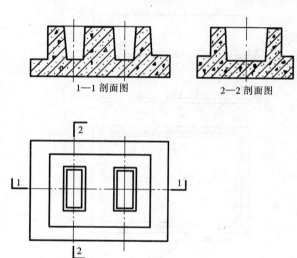

图 2-9　剖面图的标注

3. 剖面图的种类及应用

由于形体的形状不同，对形体作剖面图时所剖切的位置和作图方法也不同，通常所采用的剖面图有：全剖面图、半剖面图、阶梯剖面图、局部剖面图和展开剖面图五种。

（1）全剖面图

不对称的建筑形体，或虽然对称但外形比较简单，或在另一个投影中已将它的外形表达清楚时，可假想用一个剖切平面将形体全部剖开，然后画出形体的剖面图，该剖面图称为全剖面图。如图 2-10 所示，该形体虽然对称，但比较简单，分别用正平面、侧平面和水平面剖切形体，得到 1—1 剖面图、2—2 剖面图和 3—3 剖面图。

再如图 2-11 所示，图 2-11a 为立面图，图 2-11b 为水平剖面图，图 2-11c 为 1—1 剖面图，图 2-11d、e 为直观剖切图。

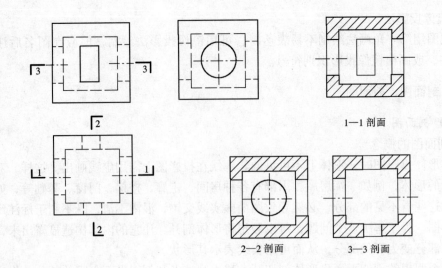

1—1 剖面

2—2 剖面　　3—3 剖面

图 2-10　全剖面图

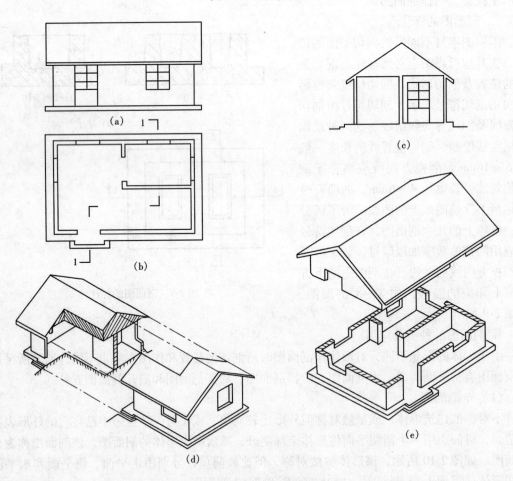

(a)
(b)
(c)
(d)
(e)

图 2-11　房屋的阶梯剖面图

(a) 立面图；(b) 平面图；(c) 1—1 剖面图；(d)、(e) 直观剖切图

（2）半剖面图

如果被剖切的形体是对称的，画图时常把投影图的一半画成剖面图，另一半画形体的外形图，这个组合而成的投影图叫半剖面图。这种画法可以节省投影图的数量，从一个投影图可以同时观察到立体的外形和内部构造。

如图 2-12 所示，为一个杯形基础的半剖面图。在正面投影和侧面投影中，都采用了半剖面图的画法，以表示基础的内部构造和外部形状。

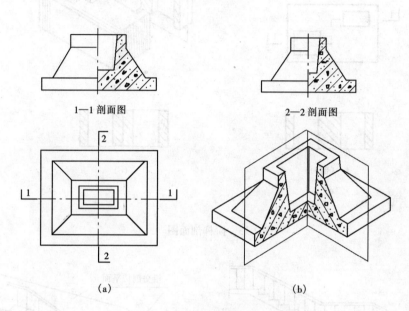

图 2-12　杯形基础的半剖面图
（a）投影图；（b）直观图

（3）阶梯剖面图

如图 2-13a 所示，形体具有两个孔洞，但这两个孔洞不在同一轴线上，如果仅作一个全剖面图，势必不能同时剖切两个孔洞。因此，可以考虑用两个相互平行的平面通过两个孔洞剖切，如图 2-13b 所示，这样画出来的剖面图，叫作阶梯剖面图。其剖切位置线的转折处用两个端部垂直相交的粗实线画出。需注意，这样的剖切方法可以是两个或两个以上的平行平面剖切。其剖切平面转折后由于剖切而使形体产生的轮廓线不应在剖面图中画出，如图 2-13c 所示。再如图 2-11b 所示，为了将两个孔洞同时剖开，作出的 1—1 阶梯剖面图，解决了这个问题。

（4）展开剖面图

有些形体，由于发生不规则的转折或圆柱体上的孔洞不在同一轴线上，采用以上三种剖切方法都不能解决，可以用两个或两个以上相交剖切平面将形体剖切开，所画出的剖面图，称为展开剖面图。如图 2-14 所示为一个楼梯的展开剖面图。由于楼梯的两个梯段在水平投影图上成一定夹角，如用一个或两个平行的剖切平面都无法将楼梯表示清楚。因此，可以用两个相交的剖切平面进行剖切。展开剖面图的图名后应注"展开"字样，剖切符号的画法如图 2-14 所示。

（5）分层剖面图和局部剖面图

有些建筑的构件，其构造层次较多或只有局部构造比较复杂，可用分层剖切或局部剖切的方法表示其内部的构造，用这种方法剖切所得的剖面图，称为分层剖面图或局部剖面图。如图 2-15 所示为分层剖面图，图 2-16 所示为局部剖面图。

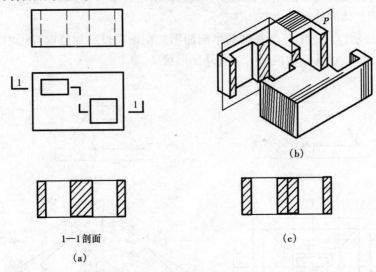

1—1 剖面

（a）

（b）

（c）

图 2-13　阶梯剖面图

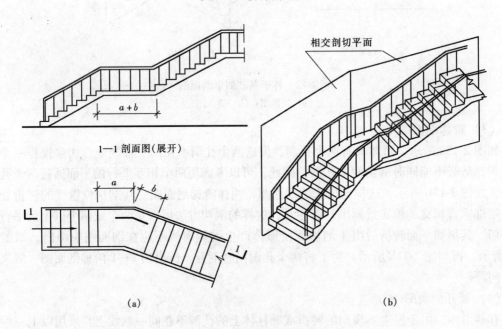

1—1 剖面图（展开）

$a + b$

a　b

（a）

（b）

图 2-14　楼梯的展开剖面图

（a）投影图；（b）直观图

（二）截面图（断面图）

对于某些单一的杆件或需要表示某一部位的截面形状时，可以只画出形体与剖切平面相交的那部分图形，即假想用剖切平面将物体剖切后，仅画出断面的投影图称为断面图，简称断面。

22

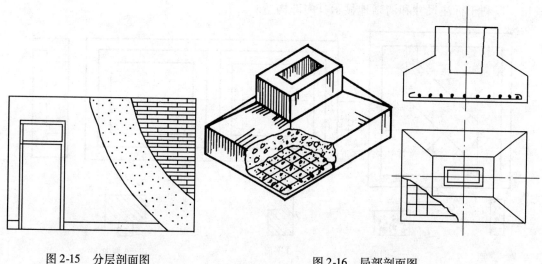

图 2-15　分层剖面图　　　　　　　　　图 2-16　局部剖面图

1. 断面图与剖面图的区别

（1）断面图只画出物体被剖切后剖切平面与形体接触的那部分，即只画出截断面的图形，而剖面图则画出被剖切后剩余部分的投影，如图 2-17 所示。

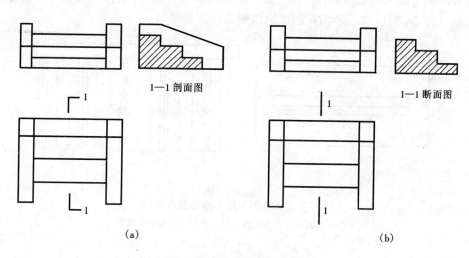

图 2-17　断面图与剖面图的区别
（a）剖面图的画法；（b）断面图的画法

（2）断面图和剖面图的符号也有不同，断面图的剖切符号只画长度为 6～10mm 的粗实线作为剖切位置线，不画剖视方向线，编号写在投影方向的一侧。

2. 断面图的配置方法

（1）移出断面

将形体某一部分剖切后所形成的断面图移画于主投影图的一侧，称为移出断面，如图2-18和图 2-19 所示。

断面图移出的位置，应与形体的投影图靠近，以便识读。断面图也可用适当的比例放大画出，以利于标注尺寸和清晰地显示其内部构造。

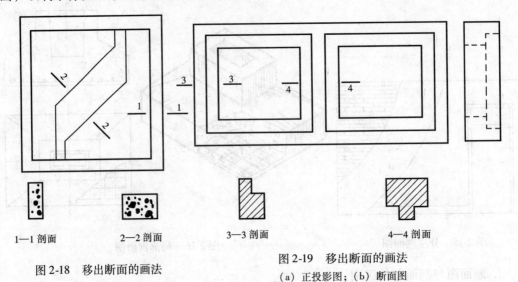

1—1 剖面　　2—2 剖面　　　　　3—3 剖面　　　　　　　4—4 剖面

图 2-18　移出断面的画法

图 2-19　移出断面的画法
（a）正投影图；（b）断面图

（2）重合断面

将断面图直接画于投影图中，二者重合在一起的称为重合断面，如图 2-20 所示。

重合断面图的比例应与原投影图一致。断面轮廓线可能是闭合的（图 2-21），也可能是不闭合的（图 2-20），应于断面轮廓线的内侧加画图例符号。

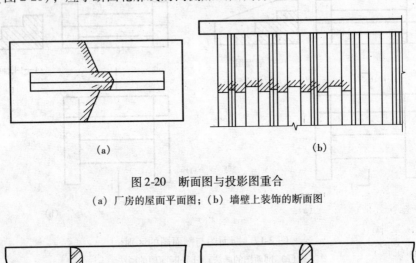

（a）　　　　　　　　　　　（b）

图 2-20　断面图与投影图重合
（a）厂房的屋面平面图；（b）墙壁上装饰的断面图

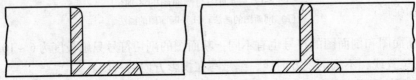

图 2-21　断面图是闭合的

（3）中断断面

对于单一的长向杆件，也可在杆件投影图的某一处用折断线断开，然后将断面图画于其

24

中，如图 2-22 所示。

图 2-22　中断断面图的画法

第三节　装饰装修工程识图

一、装饰装修工程识图的基本知识

（一）一般施工图的分类

1. 一般施工图的分类

一般施工图分类如图 2-23 所示。

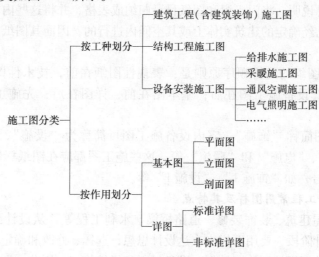

图 2-23　建筑安装工程施工图的分类

2. 基本图和详图

（1）基本图

表明全局性内容的施工图称为基本图，建筑装饰施工图中的平、立、剖面图，都属于基本图。

（2）详图

表明建筑物某一局部或某一构件与配件的详细构造和尺寸的图样，就称为详图。根据适用范围不同，它又分为标准（通用）详图和非标准详图两类。

①标准详图

适用于全国所有建设工程项目的详图称标准详图。根据其使用性质不同，又分为国家通用标准详图（简称"国标"）、部门标准详图（简称"部标"）和地区标准详图（简称"省标”)。标准详图由国家、部门、省市制定。

②非标准详图

仅适用于一个建设工程项目中某一单项工程的详图称为非标准详图。非标准详图由设计人员结合工程实际情况进行绘制。

（二）装饰装修工程图的组成及排序

1. 装饰装修工程图的组成

装饰装修工程图由效果图、建筑装饰施工图和室内设备施工图组成。从某种意义上讲，效果图也应该是施工图。在施工制作中，它是形象、材质、色彩、光影与氛围等艺术处理的重要依据，是建筑装饰工程所特有的、必备的施工图样。它所表现出来的诱人观感的整体效果，不单是为了招标投标时引起甲方的好感，更是施工生产者所刻意追求且最终应该达到的目标。

建筑装饰施工图也分基本图和详图两部分。基本图包括装饰平面图、装饰立面图、装饰剖面图，详图包括装饰构配件详图和装饰节点详图。

2. 装饰装修工程图的排序

建筑装饰施工图也要对图纸进行归纳与编排。将图纸中未能详细标明或图样不易标明的内容写成设计施工总说明，将门、窗和图纸目录归纳成表格，并将这些内容放于首页。由于建筑装饰工程是在已经确定的建筑实体上或其空间内进行的，因而其图纸首页一般都不安排总平面图。

建筑装饰工程图纸的编排顺序原则是：表现性图纸在前，技术性图纸在后；装饰施工图在前，室内配套设备施工图在后；基本图在前，详图在后；先施工的在前，后施工的在后。

建筑装饰施工图简称"饰施"，室内设备施工图可简称为"设施"，也可按工种不同，分别简称为"水施"、"电施"和"暖施"等。这些施工图都应在图纸标题栏内注写自身的简称（图别）与图号，如"饰施1"、"设施1"等。

（三）装饰装修工程常用图样及其特点

任何工程（房屋建筑、装饰装修、道路桥梁、水利工程等）从设计到完工的整个过程都离不开图样：设计阶段，要用图样来表达设计思想，选择、修改和确定设计方案；施工阶段，则必须按确定的图纸编制施工计划、准备材料和组织施工。因此，图样是工程技术中不可缺少的技术资料，也是设计文件的主要组成部分和施工的主要依据，被称为"工程界的语言"。

装饰工程常用图样及其特点分述如下：

1. 正投影图

正投影图的优点是能准确地表达物体的形状和大小，并且作图简便，是各种工程中应用最广泛的一种施工图样。其缺点是不易识读，需要通过一定的训练才能看懂，如图2-24所示。

2. 轴测图

轴测图的优点是立体感较强，且能按一定的方法度量，但有变形且作图不如正投影图简便。因

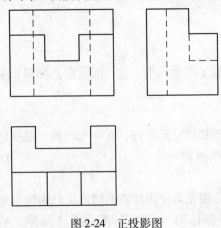

图2-24　正投影图

此，轴测图常作为一种辅助图样，帮助直观地表达某些复杂的局部结构。在装饰工程中，有时亦可用作表达设计方案的效果图，如图2-25所示。

3. 透视图

透视图的优点是有很强的立体感和真实感，与人眼看到的实物或照片一样。因此，透视图是设计人员用于表达设计方案的主要手段，着色的透视图俗称"效果图"。因它作图繁琐，且不反映物体的实形，故不能作为施工的依据，如图2-26所示。

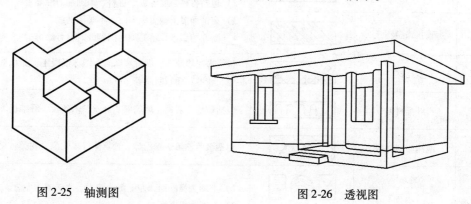

图 2-25 轴测图   图 2-26 透视图

（四）装饰装修工程识图常用的图例

1. 装饰装修工程识图常用的建筑材料图例（表2-1）。

表 2-1 装饰装修工程常用的建筑材料图例

序号	名 称	图 例	备 注
1	自然土壤		包括各种自然土壤
2	夯实土壤		—
3	砂、灰土		—
4	砂砾石、碎砖三合土		—
5	石材		—
6	毛石		—
7	普通砖		包括实心砖、多孔砖、砌块等砌体。断面较窄不易绘出图例线时，可涂红，并在图纸备注中加注说明，画出该材料图例
8	耐火砖		包括耐酸砖等砌体
9	空心砖		指非承重砖砌体
10	饰面砖		包括铺地砖、马赛克、陶瓷锦砖、人造大理石等

27

序号	名　称	图　例	备　注
11	焦渣、矿渣	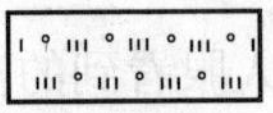	包括与水泥、石灰等混合而成的材料
12	混凝土	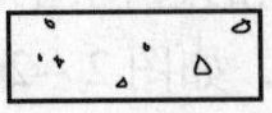	1）本图例指能承重的混凝土及钢筋混凝土 2）包括各种强度等级、骨料、添加剂的混凝土
13	钢筋混凝土	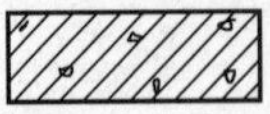	3）在剖面图上画出钢筋时，不画图例线 4）断面图形小，不易画出图例线时，可涂黑
14	多孔材料		包括水泥珍珠岩、沥青珍珠岩、泡沫混凝土、非承重加气混凝土、软木、蛭石制品等
15	纤维材料	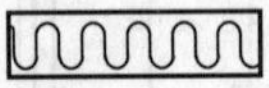	包括矿棉、岩棉、玻璃棉、麻丝、木丝板、纤维板等
16	泡沫塑料材料	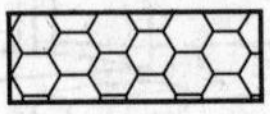	包括聚苯乙烯、聚乙烯、聚氨酯等多孔聚合物类材料
17	木材		1）上图为横断面，左上图为垫木、木砖或木龙骨 2）下图为纵断面
18	胶合板	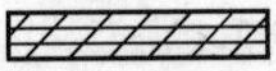	应注明为×层胶合板
19	石膏板	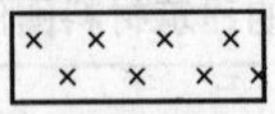	包括圆孔、方孔石膏板、防水石膏板、硅钙板、防火板等
20	金属		1）包括各种金属 2）图形小时，可涂黑
21	网状材料		1）包括金属、塑料网状材料 2）应注明具体材料名称
22	液体	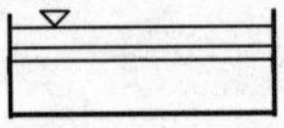	应注明具体液体名称
23	玻璃		包括平板玻璃、磨砂玻璃、夹丝玻璃、钢化玻璃、中空玻璃、夹层玻璃、镀膜玻璃等
24	橡胶		—
25	塑料		包括各种软、硬塑料及有机玻璃等
26	防水材料		构造层次多或比例大时，采用上图例
27	粉刷	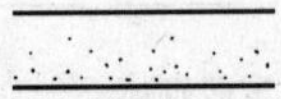	本图例采用较稀的点

注：序号1、2、5、7、8、13、14、16、17、18图例中的斜线、短斜线、交叉斜线等均为45°。

2. 装饰装修工程识图常用的平面布置图例（表2-2）。

28

表 2-2　装饰装修工程常用的平面布置图例

图　例	说　明	图　例	说　明
	双人床		洗脸盆
			立式小便器
	单人床		装饰隔断（应用文字说明）
			玻璃栏板
	沙发（特殊家具根据实际情况绘制其外轮廓线）	ACU	空调器
			电视
	座凳	W	洗衣机
	桌	WH	热水器
	钢琴		灶
	地毯		地漏
			电话
	盆花		开关（涂墨为暗装，不涂墨为明装）
			插座（涂墨为暗装，不涂墨为明装）
	吊柜		配电盘
食品柜　茶水柜　矮柜	其他家具可在柜形或实际轮廓中用文字注明		电风扇
			壁灯
	壁橱		吊灯
	浴盆		洗涤槽
			污水池
	坐便器		淋浴器
			蹲便器

29

二、装饰装修平面图识读

装饰平面图包括装饰平面布置图和天棚平面图。

装饰平面布置图是假想用一个水平的剖切平面,在窗台上方位置,将经过内外装饰的房屋整个剖开,移去以上部分向下所作的水平投影图。它的作用主要是用来表明建筑室内外种种装饰布置的平面形状、位置、大小和所用材料;表明这些布置与建筑主体结构之间,以及这些布置与布置之间的相互关系等。

天棚平面图有两种形成方法:一是假想房屋水平剖开后,移去下面部分向上作直接正投影而成;二是采用镜像投影法,将地面视为镜面,对镜中天棚的形象作正投影而成。天棚平面图一般都采用镜像投影法绘制。天棚平面图的作用主要是用来表明天棚装饰的平面形式、尺寸和材料,以及灯具和其他各种室内顶部设施的位置和大小等。

装饰平面布置图和天棚平面图,都是建筑装饰施工放样、制作安装、预算和备料,以及绘制室内有关设备施工图的重要依据。

上述两种平面图,其中以平面布置图的内容尤其繁杂,加上它控制了水平向纵横两轴的尺寸数据,其他视图又多由它引出,因而是我们识读建筑装饰施工图的重点和基础。

(一) 装饰平面布置图

1. 装饰平面布置图的主要内容和表示方法

(1) 建筑平面基本结构和尺寸

装饰平面布置图是在图示建筑平面图的有关内容。包括建筑平面图上由剖切引起的墙柱断面和门窗洞口、定位轴线及其编号、建筑平面结构的各部尺寸、室外台阶、雨篷、花台、阳台及室内楼梯和其他细部布置等内容。上述内容,在无特殊要求的情况下,均应按照原建筑平面图套用,具体表示方法与建筑平面图相同。

当然,装饰平面布置图应突出装饰结构与布置,对建筑平面图上的内容不是丝毫不漏的完全照搬。

(2) 装饰结构的平面形式和位置

装饰平面布置图需要表明楼地面、门窗和门窗套、护壁板或墙裙、隔断、装饰柱等装饰结构的平面形式和位置。

(3) 室内外配套装饰设置的平面形状和位置

装饰平面布置图还要标明室内家具、陈设、绿化、配套产品和室外水池、装饰小品等配套设置体的平面形状、数量和位置。这些布置当然不能将实物原形画在平面布置图上,只能借助一些简单、明确的图例来表示。

2. 装饰平面布置图的阅读要点

(1) 看装饰平面布置图要先看图名、比例、标题栏,认定该图是什么平面图。再看建筑平面基本结构及其尺寸,把各房间名称、面积,以及门窗、走廊、楼梯等的主要位置和尺寸了解清楚。然后看建筑平面结构内的装饰结构和装饰设置的平面布置等内容。

(2) 通过对各房间和其他空间主要功能的了解,明确为满足功能要求所设置的设备与设施的种类、规格和数量,以便制定相关的购买计划。

(3) 通过图中对装饰面的文字说明,了解各装饰面对材料规格、品种、色彩和工艺制作的要求,明确各装饰面的结构材料与饰面材料的衔接关系与固定方式,并结合面积作材料计划和施工安排计划。

（4）面对众多的尺寸，要注意区分建筑尺寸和装饰尺寸。在装饰尺寸中，又要能分清其中的定位尺寸、外形尺寸和结构尺寸。

定位尺寸是确定装饰面或装饰物在平面布置图上位置的尺寸。在平面图上需两个定位尺寸才能确定一个装饰物的平面位置，其基准往往是建筑结构面。

外形尺寸是装饰面或装饰物的外轮廓尺寸，由此可确定装饰面或装饰物的平面形状与大小。

结构尺寸是组成装饰面和装饰物各构件及其相互关系的尺寸。由此可确定各种装饰材料的规格，以及材料之间、材料与主体结构之间的连接固定方法。

平面布置图上为了避免重复，同样的尺寸往往只代表性地标注一个，读图时要注意将相同的构件或部件归类。

（5）通过平面布置图上的投影符号，明确投影面编号和投影方向，并进一步查出各投影方向的立面图。

（6）通过平面布置图上的剖切符号，明确剖切位置及其剖视方向，进一步查阅相应的剖面图。

（7）通过平面布置图上的索引符号，明确被索引部位及详图所在位置。

概括起来，阅读装饰平面布置图应抓住面积、功能、装饰面、设施以及与建筑结构的关系这五个要点。

3. 装饰平面布置图的识读

现以某宾馆会议室为例，说明平面布置图的内容，如图 2-27 所示。

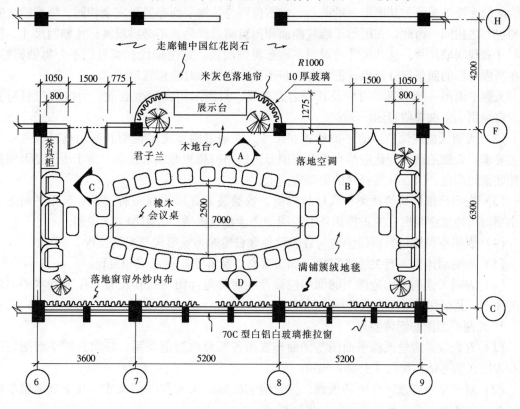

图 2-27　会议室平面布置图

31

（1）图上尺寸内容有三种：一是建筑结构体的尺寸；二是装饰布局和装饰结构的尺寸；三是家具、设备等尺寸。如会议室平面为三开间，长自⑥轴到⑦轴线共14m，宽自Ⓒ轴到Ⓕ轴线共6.3m，Ⓕ轴线向上有局部突出；各室内柱面、墙面均采用白橡木板装饰，尺寸见图；室内主要家具有橡木制船形会议桌、真皮转椅，及局部突出的展示台和大门后角的茶具柜等家具设备。

（2）表明装饰结构的平面布置、具体形状及尺寸，表明饰面的材料和工艺要求。一般装饰体随建筑结构而做，如本图的墙、柱面的装饰。但有时为了丰富室内空间、增加变化和新意，而将建筑平面在不违反结构要求的前提下进行调整。本图上方，平面就作了向外突出的调整：两角做成10mm厚的圆弧玻璃墙（半径1m），周边镶50mm宽钛金不锈钢框，平直部分作100mm厚轻钢龙骨纸面石膏板墙，表面贴红色橡木板。

（3）室内家具、设备、陈设、织物、绿化的摆放位置及说明。本图中船形会议桌是家具陈设中的主体，位置居中，其他家具环绕布置，为主要功能服务。平面突出处有两盆君子兰起点缀作用；圆弧玻璃处有米灰色落地帘等。

（4）表明门窗的开启方式及尺寸。有关门窗的造型、做法，在平面布置图中不反映，交由详图表达。所以图中只见大门为内开平开门，宽为1.5m，距墙边为800mm；窗为铝合金推拉窗。

（5）画出各面墙的立面投影符号（或剖切符号）。如图中的Ⓐ，即为站在A点处向上观察⑦轴墙面的立面投影符号。

（二）天棚平面图

1. 天棚平面图的基本内容与表示方法

（1）表明墙柱和门窗洞口位置。天棚平面图一般都采用镜像投影法绘制。用镜像投影法绘制的天棚平面图，其图形上的前后、左右位置与装饰平面布置图完全相同，纵横轴线的排列也与之相同。因此，在图示了墙柱断面和门窗洞口以后，不必再重复标注轴间尺寸、洞口尺寸和洞间墙尺寸，这些尺寸可对照平面布置图阅读。定位轴线和编号也不必每轴都标，只在平面图形的四角部分标出，能确定它与平面布置图的对应位置即可。

天棚平面图一般不图示门扇及其开启方向线，只图示门窗过梁底面。为区别门洞与窗洞，窗扇用一条细虚线表示。

（2）表明天棚装饰造型的平面形式和尺寸，并通过附加文字说明其所用材料、色彩及工艺要求。天棚的选级变化应结合造型平面分区线用标高的形式来表示，由于所注是天棚各构件底面的高度，因而标高符号的尖端应向上。

（3）表明顶部灯具的种类、式样、规格、数量及布置形式和安装位置。天棚平面图上的小型灯具按比例画出它的正投影外形轮廓，力求简明概括，并附加文字说明。

（4）表明空调风口、顶部消防与音响设备等设施的布置形式与安装位置。

（5）表明墙体顶部有关装饰配件（如窗帘盒、窗帘等）的形式和位置。

（6）表明天棚剖面构造详图的剖切位置及剖面构造详图的所在位置。作为基本图的装饰剖面图，其剖切符号不在天棚图上标注。

2. 天棚平面图的识读要点

（1）首先应弄清楚天棚平面图与平面布置图各部分的对应关系，核对天棚平面图与平面布置图在基本结构和尺寸上是否相符。

（2）对于某些有选级变化的天棚，要分清它的标高尺寸和线型尺寸，并结合造型平面分区线，在平面上建立起二维空间的尺度概念。

（3）通过天棚平面图，了解顶部灯具和设备设施的规格、品种与数量。

（4）通过天棚平面图上的文字标注，了解天棚所用材料的规格、品种及其施工要求。

（5）通过天棚平面图上的索引符号，找出详图对照着阅读，弄清楚天棚的详细构造。

3. 天棚平面图的识读

现以某宾馆会议室为例，说明天棚平面图的内容。

用一个假想的水平剖切平面，沿装饰房间的门窗洞口处，作水平全剖切，移去下面部分，对剩余的上面部分所作的镜像投影，就是天棚平面图，如图 2-28 所示。

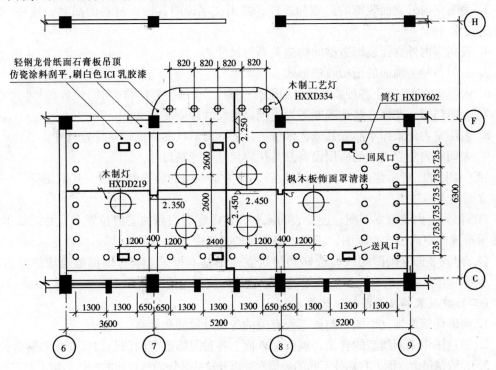

图 2-28　天棚平面图

（1）反映天棚范围内的装饰造型及尺寸。本图所示为一吊顶的天棚，因房屋结构中有大梁，所以⑦、⑧轴处吊顶有下落，下落处天棚面的标高为 2.35m（通常指距本层地面的标高），而未下落处天棚面标高为 2.45m，故两天棚面的高差为 0.1m。图内横向贯通的粗实线，即为该天棚在左右方向的重合断面图。在图内的上下方向也有粗线表示的重合断面图，反映在这一方向的吊顶最低为 2.25m，最高为 2.45m，高差为 0.2m。图中可见，梁的底面处装饰造型的宽度为 400mm，高为 100mm。

（2）反映天棚所用的材料规格、灯具灯饰、空调风口及消防报警等装饰内容及设备的位置等。本图中向下突出的梁底造型采用木龙骨架，外包枫木板饰面，表面再罩清漆。其他位置吊顶采用轻钢龙骨纸面石膏板，表面用仿瓷涂料刮平后刷白色 ICI 乳胶漆。图中还标注了各种灯饰的位置及尺寸：中间部分设有四盏木制圆形吸顶灯，左右两部分选用两盏同类型吸顶灯，其代号为 HXDD219；此外，周边还设有嵌装筒灯 HXDY602，间距为 735mm、1300mm 两种，以及在平面突出处天棚上安装的间距为 820mm 的五盏木制工艺灯（HXXD334），作为点缀并作局部照明用。另外，在图的左、中、右有三组空调送风和回风口（均为成品）。

三、装饰装修立面图识读

装饰装修立面图包括室外装饰立面图和室内装饰立面图。

(一) 建筑装饰立面图的基本内容和表示方法

1. 图名、比例和立面图两端的定位轴线及其编号。

2. 在装饰立面图上使用相对标高，即以室内地面为标高零点，并以此为基准来标明装饰立面图上有关部位的标高。

3. 表明室内外立面装饰的造型和式样，并用文字说明其饰面材料的品名、规格、色彩和工艺要求。

4. 表明室内外立面装饰造型的构造关系与尺寸。

5. 表明各种装饰面的衔接收口形式。

6. 表明室内外立面上各种装饰品（如壁画、壁挂、金属字等）的式样、位置和大小尺寸。

7. 表明门窗、花格、装饰隔断等设施的高度尺寸和安装尺寸。

8. 表明室内外景园小品或其他艺术造型体的立面形状和高低错落位置尺寸。

9. 表明室内外立面上的所用设备及其位置尺寸和规格尺寸。

10. 表明详图所示部位及详图所在位置。作为基本图的装饰剖面图，其剖切符号一般不应在立面图上标注。

11. 作为室内装饰立面图，还要表明家具和室内配套产品的安放位置和尺寸。如采用剖面图示形式的室内装饰立画图，还要表明天棚的选级变化和相关尺寸。

12. 建筑装饰立画图的线型选样和建筑立面图基本相同。唯有细部描绘应注意力求概括，不得喧宾夺主，所有为增加效果的细节描绘均应以细淡线表示。

(二) 建筑装饰立面图的识读要点

1. 明确建筑装饰立面图上与该工程有关的各部分尺寸和标高。

2. 通过图中不同线型的含义，搞清楚立面上各种装饰造型的凹凸起伏变化和转折关系。

3. 弄清楚每个立面上有几种不同的装饰面，以及这些装饰面所选用的材料与施工工艺要求。

4. 立面上各装饰面之间的衔接收口较多，这些内容在立面图上表现得比较概括，多在节点详图中详细表明。要注意找出这些详图，明确它们的收口方式、工艺和所用材料。

5. 明确装饰结构之间以及装饰结构与建筑结构之间的连接固定方式，以便提前准备预埋件和紧固件。

6. 要注意设施的安装位置，电源开关、插座的安装位置和安装方式，以便在施工中预留位置。

阅读室内装饰立面图时，要结合平面布置图、天棚平面图和该室内其他立面图对照阅读，明确该室内的整体做法与要求。阅读室外装饰立面图时，要结合平面布置图和该部位的装饰剖面图综合阅读，全面弄清楚它的构造关系。

(三) 建筑装饰立面图的识读

装饰立面图所用比例为 1∶100、1∶50 或 1∶25。室内墙面的装饰立面图一般选用较大比例，如图 2-29 所示。

以图 2-29 为例说明：

1. 在图中用相对于本层地面的标高，标注地台、踏步等的位置尺寸。如图中（A 向立

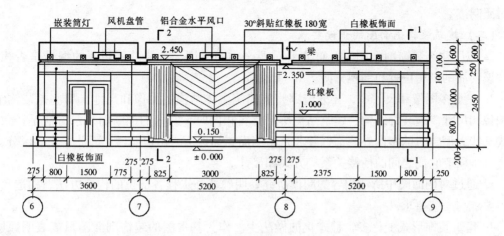

图 2-29　A 向装饰立面图

面中间）的地台标有 0.150 标高，即表示地台高 0.15m。

2. 天棚面的距地标高及其叠级（凸出或凹进）造型的相关尺寸。如图中天棚面在大梁处有凸出（即下落），凸出为 0.1m；天棚距地最低为 2.35m，最高为 2.45m。

3. 墙面造型的样式及饰面的处理。本图墙面用轻钢龙骨作骨架，然后钉以 8mm 厚密度板，再在板面上用万能胶粘贴各种饰面板，如墙面为白橡板，踢脚为红橡板（高为 200mm）。图中上方为水平铝合金送风口。

4. 墙面与天棚面相交处的收边做法。图中用 100mm×3mm 断面的木质顶角线收边。

5. 门窗的位置、形式及墙面、天棚面上的灯具及其他设备。本图大门为镶板式装饰门，天棚上装有吸顶灯和筒灯，天棚内部（闷顶）中装有风机盘管设备（数量见天棚平面图）。

6. 固定家具在墙面中的位置、立面形式和主要尺寸。

7. 墙面装饰的长度及范围，以及相应的定位轴线符号、剖切符号等。

8. 建筑结构的主要轮廓及材料图例。

四、装饰装修剖面图识读

（一）建筑装饰剖面图的基本内容

建筑装饰剖面图的表示方法与建筑剖面图大致相同，下面主要介绍它的基本内容。

1. 表明建筑的剖面基本结构和剖切空间的基本形状，并注出所需的建筑主体结构的有关尺寸和标高。

2. 表明装饰结构的剖面形状、构造形式、材料组成及固定与支承构件的相互关系。

3. 表明装饰结构与建筑主体结构之间的衔接尺寸与连接方式。

4. 表明剖切空间内可见实物的形状、大小与位置。

5. 表明装饰结构和装饰面上的设备安装方式或固定方法。

6. 表明某些装饰构件、配件的尺寸，工艺做法与施工要求，另有详图的可概括表明。

7. 表明节点详图和构配件详图的所示部位与详图所在位置。

8. 如是建筑内部某一装饰空间的剖面图，还要表明剖切空间内与剖切平面平行的墙面装饰形式、装饰尺寸、饰面材料与工艺要求。

9. 表明图名、比例和被剖切墙体的定位轴线及其编号，以便与平面布置图和天棚平面图对照阅读。

（二）建筑装饰剖面图的识读要点

1. 阅读建筑装饰剖面图时，首先要对照平面布置图，看清楚剖切面的编号是否相同，了解该剖面的剖切位置和剖视方向。

2. 在众多图像和尺寸中，要分清哪些是建筑主体结构的图像和尺寸，哪些是装饰结构的图像和尺寸。当装饰结构与建筑结构所用材料相同时，它们的剖断面表示方法是一致的。现代某些大型建筑的室内外装饰，并非是贴墙面、铺地面、吊顶而已，因此要注意区分，以便进一步研究它们之间的衔接关系、方式和尺寸。

3. 通过对剖面图中所示内容的阅读研究，明确装饰工程各部位的构造方法、构造尺寸、材料要求与工艺要求。

4. 建筑装饰形式变化多，程式化的做法少。作为基本图的装饰剖面图只能表明原则性的技术构成问题，具体细节还需要详图来补充表明。因此，我们在阅读建筑装饰剖面图时，还要注意按图中索引符号所示方向，找出各部位节点详图不断对照仔细阅读。弄清楚各连接点或装饰面之间的衔接方式，以及包边、盖缝、收口等细部的材料、尺寸和详细做法。

5. 阅读建筑装饰剖面图要结合平面布置图和天棚平面图进行，某些室外装饰剖面图还要结合装饰立面图来综合阅读，才能全方位地理解剖面图示内容。

（三）建筑装饰剖面图的识读

在图 2-30 中，墙的装饰剖面及节点详图中反映了墙板结构做法及内外饰面的处理。墙面主体结构采用 100 型轻钢龙骨，中间填以矿棉隔声，龙骨两侧钉以 8mm 厚密度板，然后用万能胶粘贴白橡板面层，清漆罩面。

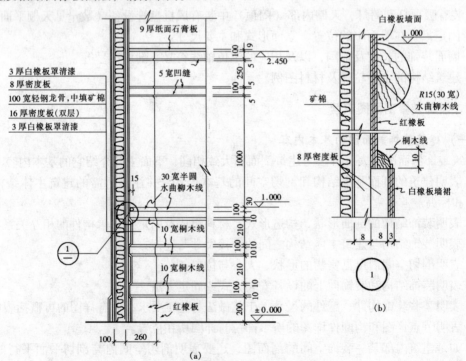

图 2-30　装饰剖面图及节点详图

（a）1—1 剖面图；（b）节点详图

第三章 装饰装修工程预算编制步骤

第一节 装饰装修工程预算编制的准备工作

一、设计图纸及资料的准备

(一) 设计图纸

经过有关部门审批后的设计文件，包括：

1. 全套的建筑施工图

包括建筑总说明、材料做法表、门窗表及门窗详图、各层建筑平面图、建筑立面图、建筑剖面图（楼梯间剖面、外墙剖面）、屋顶平面图、节点详图等。

2. 全套结构施工图

包括结构总说明、各层结构平面图、模板平面图、钢筋配置图、柱梁板详图、结构的节点详图、混凝土工程各部位留洞图等。

3. 装饰装修工程在具体部位的设计图纸。

4. 国家现行的标准图集。

5. 经甲、乙、丙三方对施工图会审签字后的会审记录。

6. 装饰效果图，包括整体效果图和局部效果图。

(二) 有关资料

开始工程量计算的工作之前，必须将相关资料准备齐全。资料有常用的符号、数据、计算公式、一般通用的及常用材料技术参数和基础参考资料等。

1. 基本计算手册。平面图形面积、多面体的体积和表面积公式、物料堆体的计算公式、壳体表面积、侧面积的公式。长度、面积、体积单位的换算。

2. 常用建筑材料的性质及数值。包括常用材料和构件的自重、液体平均密度和容量的换算。

3. 设计规范、施工验收规范、质量评定标准、安全操作规程。

二、定额、单位估价表、计价规范的准备

(一) 定额

1. 装饰装修工程消耗量定额是编制装饰工程预算造价的基本法规之一，是正确计算工程量，确定装饰装修分项工程人工、材料、施工机械台班消耗量（或单价），进行工料分析的重要基础资料。要注意的是：必须按工程性质和当地有关规定正确选用定额，例如，不论施工企业是什么地方的，也不论是何部门主管，在何地承包装饰工程就应该执行该地规定的消耗量定额，地方性的装饰工程不能执行某个行业的装饰定额，甲行业（专业）的装饰工程不能按乙行业的消耗量定额执行等等。一句话，按工程所在地区规定或行业规定的消耗量

定额执行。

2. 装饰装修工程是个综合性的艺术创作，整个装饰工程不可能按某一种定额执行，应根据装饰内容不同执行相应项目规定的定额。例如《全国统一建筑装饰装修工程消耗量定额》总说明中规定："卫生洁具、装饰灯具、给排水及电气管道等安装工程均按《全国统一安装工程预算定额》的有关项目执行；与《全国统一建筑工程基础定额》相同的项目，均以《全国统一建筑装饰装修工程消耗量定额》的工程项目为准，未列项目（如找平层、垫层等），则按《全国统一建筑工程基础定额》相应项目执行。"总之，要按定额的适用范围，结合工程项目内容，执行规定的定额。或者说，干什么工程，就执行什么定额。

3. 施工企业投标报价，应执行本企业编制的企业定额（施工定额）。

（二）单位估价表

有的地区执行单位估价表，单位估价表也称地区单位估价表，它是根据地区的消耗量定额、建筑装饰工人工资标准、装饰材料价格和施工机械台班价格编制的，以货币形式表达的分项（子项）工程的单位价值。单位估价表是地区编制装饰工程施工图预算的最基本的依据之一。

（三）工程量清单计价规范

根据《中华人民共和国建筑法》、《中华人民共和国合同法》、《中华人民共和国招投标法》等法律，以及最高人民法院《关于审理建设工程施工合同纠纷案件适用法律问题的解释》，按照我国工程造价管理改革的总体目标，本着国家宏观调控、市场竞争形成价格的原则制定了《建设工程工程量清单计价规范》（GB 50500—2013）、《房屋建筑与装饰工程工程量计算规范》（GB 50854—2013）。现由中华人民共和国住房和城乡建设部第 1567、1568 号公告发布，从 2013 年 7 月 1 日起实施。它是建筑装饰装修工程实行工程量清单计价的依据。建筑装饰装修工程也可按各省、自治区、直辖市结合本地区实际情况制定的实施细则作为工程量清单计价的依据。

三、招标文件及施工组织设计资料的准备

（一）招标文件

招标文件是发包方实施工程招标的重要文件，也是投标单位编制标书的主要依据。它规定了发包工程范围、工程综合说明、工程量清单、结算方式、材料质量、供应方式、工期和其他相关要求等，这些都是计算工程造价必不可少的依据。

（二）施工组织设计

建筑装饰装修工程施工组织设计具体规定了装饰工程中各分项工程的施工方法、施工机具、构配件加工方式、技术组织措施和现场平面布置图等内容。它直接影响整个装饰工程的预算造价，是计算工程量、选套消耗量定额或单位估价表和计算其他费用的重要依据。

四、材料价格信息及现行建筑经济文件的准备

（一）材料价格信息

装饰材料费在装饰工程造价中所占比重很大，而且装饰装修新型材料不断涌现，价格也随时间起伏颇大。为了准确反映工程造价，目前各地工程造价管理有关部门均定期发布建筑装饰装修材料市场价格信息，以便确定装饰装修工程中的主要材料价格，计算综合单价的材

料费。

在市场机制并不规范又要由市场定价的条件下，建筑装饰材料价格信息尤为重要，可以这样说，材料价格信息对装饰装修工程造价具有导向性的作用。

（二）现行的建筑经济文件

1. 国家主管部门现行的建筑经济文件。
2. 有关的专业部门现行的建筑经济文件。
3. 工程所在地政府现行的建筑经济文件。

第二节 装饰装修工程预算的编制方式与步骤

单位工程施工图预算有3种编制方式，即："定额单价法"方式、"定额实物法"方式、"综合单价法"方式。前两种方式是根据传统的定额和单位估价表编制出来的，我们称为"定额计价模式"；"综合单价法"方式是与国际接轨、符合市场经济体制的一种计价模式，在招标工程中，我们称为"工程量清单计价模式"。

一、采用"定额单价法"方式编制预算的步骤

（一）定额单价法的含义

所谓定额单价法编制施工图预算，就是利用各地区、部门颁发的预算定额，根据预算定额的规定计算出各分项工程量，分别乘以相应的预算定额单价，汇总后就是工程项目的直接工程费，再以直接工程费为基数，乘以相应的取费费率，计算出直接费、间接费、利润和税金，最终计算出建筑安装工程费。

（二）定额单价法的编制步骤

1. 掌握编制施工图预算的基础资料。施工图预算的基础资料包括设计资料、预算资料、施工组织设计资料和施工合同等。

2. 熟悉预算定额及其有关规定。正确掌握施工图预算定额及其有关规定，熟悉预算定额的全部内容和项目划分、定额子目的工程内容、施工方法、材料规格、质量要求、计量单位、工程量计算方法，项目之间的相互关系以及调整换算定额的规定条件和方法，以便正确地应用定额。

3. 了解和掌握施工组织设计的有关内容。施工图预算工作需要深入施工现场，了解现场地形地貌、地质、水文、施工现场用地、自然地坪标高、施工方法、施工进度、施工机械、挖土方式、施工现场总平面布置以及与预算定额有关而直接影响施工经济效益的各项因素。

4. 熟悉设计图纸和设计说明书。设计图纸和设计说明书不仅是施工的依据，也是编制施工图预算的重要基础资料。设计图纸和设计说明书上所表示或说明的工程构造、材料做法、材料品种及其规格质量、设计尺寸等设计要求，为编制施工图预算，结合预算定额确定分项工程项目，选择套用定额子目等提供了重要数据。

5. 计算建筑面积。严格按照《建筑面积计算规则》结合设计图纸逐层计算，最后汇总出全部建筑面积。它是控制基本建设规模，计算单位建筑面积技术经济指标等的依据。

6. 计算工程量。工程量的计算必须根据设计图纸和设计说明书提供的工程构造、设计尺

寸和做法要求，结合施工组织设计和现场情况，按照预算定额的项目划分、工程量计算规则和计量单位的规定，对每个分项工程的工程量进行具体计算。它是施工图预算编制工作中的一项细致的重要环节，约有90%以上的时间是消耗在工程量计算阶段内，而且施工图预算造价的正确与否，关键在于工程量的计算是否正确，项目是否齐全，有无遗漏和错误。

7. 编表、套定额单价、取费及工料分析。工程量计算的成果是与定额分部、分项相对口的各项工程量，将其填入"单位工程预算表"，并填写相应定额编号及单价（包括必要的工料分析），然后计算分部、分项直接工程费，再汇总成单位工程直接费。最后以单位工程直接费为基础，进行取费、调差，汇总工程造价。

另外，一般还要求编制工料分析表，以供工程结算时作进一步调整工料价差的依据。由于目前电算技术的迅速发展，许多预算软件可以实现图形算量套价，大大提高了预算的质量和速度。

（三）定额单价法的适用范围

定额单价法是计划经济的产物，也是目前编制施工图预算的主要方法。它的优点是计算简便，预算人员的计算依据十分明确（就是预算定额、单位估价表以及相应的调价文件等）；它的缺点是由于没有采集市场价格信息，计算出的工程造价不能反映工程项目的实际造价。在市场价格波动比较大时，依据定额单价法的计算结果往往与实际造价相差很大。因此，随着市场经济的发展和有关法律、法规的逐步完善，定额单价法将逐步退出历史舞台。

二、采用"定额实物法"方式编制预算的步骤

（一）定额实物法的含义

所谓定额实物法就是"量"、"价"分离，定额子目中只有人、材、机的消耗量，而无相应的单价。在编制单位工程施工图预算时，首先依据设计图纸计算各分部分项工程量，分别乘以预算定额的人工、材料、施工机械台班消耗量，从而分别计算出人工、各种材料、各种机械台班的总消耗量。预算人员根据人、材、机的市场价格，确定单价，然后用人、材、机的相应消耗量乘以相应的单价，计算出直接工程费，以直接工程费为基数，经过二次取费，计算出直接费、间接费、利润和税金，汇总工程造价。

（二）定额实物法的编制步骤

定额实物法的编制步骤与定额单价法有很多共同之处。在熟悉定额单价法的基础上，具体来看定额实物法的编制步骤。

1. 掌握编制施工图预算的基础资料。
2. 熟悉预算定额及其有关规定。
3. 了解和掌握施工组织设计的有关内容。
4. 熟悉设计图纸和设计说明书。
5. 计算建筑面积。
6. 计算工程量。
7. 套用预算人工、材料、机械定额用量。
8. 求出各分项人工、材料、机械消耗数量。

各分项人、材、机消耗量 = $\sum$（各分项工程量×相应的预算人、材、机定额消耗量）

9. 按当时当地人、材、机单价，汇总人工费、材料费和机械费。

$$直接工程费 = 各分项人、材、机消耗量 × 相应的人、材、机单价$$

10. 计算其他各项费用，汇总造价。

从以上定额实物法的编制步骤可以看出，定额实物法与定额单价法所不同的主要是第 7、8、9 步。

（三）定额实物法的适用范围

用定额实物法编制施工图预算，是采用工程所在地的当时人工、材料、机械台班价格，能较好地反映实际价格水平，工程造价的准确性高，是适合市场经济体制的预算编制方法。其缺点是计算繁琐、工程量大，但是计算软件的应用，大大提高了计算的速度。

三、采用"综合单价法"方式编制预算的步骤

（一）综合单价法的含义

综合单价法是以分部分项工程单价为全费用单价，全费用单价经综合计算后生成。综合单价是完成一个规定计量单位的分部分项工程量清单项目或措施清单项目所需的人工费、材料费、施工机械使用费和企业管理费与利润，以及一定范围内的风险费用。

这种方法与前述方法相比较有着显著的区别，主要区别在于：间接费和利润是用一个综合管理费率分摊到分项工程单价中，从而组成分项工程完全单价，其分项工程单价乘以工程量为该分项工程的合价，所有分项工程合价汇总后即为该工程的总价。

应当指出，这种方法是我国与国际接轨后，工程造价计价的改革方向。目前，随着我国《建设工程工程量清单计价规范》、《房屋建筑与装饰工程工程量计算规范》的颁布，将会更快地促进这种方法的发展和应用。

（二）综合单价法的编制步骤

1. 按照《建设工程工程量清单计价规范》、《房屋建筑与装饰工程工程量计算规范》中的工程量计算规则来计算工程量，并由此形成工程量清单。

2. 估算分项工程单价。值得说明的是，此单价是根据具体项目以及目前的市场行情估算出来的，与定额单价法中的定额单价是截然不同的。

3. 汇总建设项目的总造价。具体的操作是将估算好的分项工程单价填入工程量清单中，并汇总形成总价。

（三）综合单价法的适用范围

综合单价法是与市场经济体制和国际惯例相适应的一种计价方法，有着广阔的发展前景，但是由于我国目前缺乏与之相匹配的市场价格系统，或者说，计价人员难以方便地获得分项工程单价。因此，综合单价法的广泛使用还需要一段时间。

第三节　装饰装修工程量计算的一般顺序

一、正确计算工程量的意义

工程量是以物理计量单位或自然计量单位表示的各分项工程或结构构件的数量。

自然计量单位是指以物体本身的自然属性为计量单位表示完成工程的数量。一般以件、块、个（或只）、台、座、套、组等或它们的倍数作为计量单位。例如，音乐喷泉控制设备

以台为单位，装饰灯具以套为单位。

物理计量单位是以物体的某种物理属性为计量单位，定额均以国家标准计量单位表示工程数量。以长度（米、m）、面积（平方米、m²）、体积（立方米、m³）、重量（吨、t）等或它们的倍数为单位。例如，楼地面、墙柱面的装饰工程量以平方米（m²）为计量单位，踢脚线、扶手、栏杆以延长米（m）或 m² 为计量单位。

计算工程量是编制装饰装修工程工程量清单的基础工作，是招标文件和投标报价的重要组成部分。工程量清单计价或工程量清单报价主要取决于两个基本因素，一是工程量，二是综合单价。为了准确计算工程造价，这两者的数量都得正确，缺一不可。因此，工程量计算的准确与否，将直接影响装饰装修工程的预算造价。

工程量又是施工企业编制施工组织计划，确定工程工作量，组织劳动力，合理安排施工进度和供应装饰材料、施工机具的重要依据。同时，工程量也是建设项目各管理职能部门，像计划部门和统计部门工作的内容之一，例如，某段时间某领域所完成的实物工程量指标就是以工程量为计算基准的。

工程量的计算是一项比较复杂而细致的工作，其工作量在整个预算中所占比重较大，任何粗心大意，都会造成计算上的错误，致使工程造价偏离实际，造成国家资金和装饰材料的浪费与积压，从这层意义上说工程量计算也独具重要性。因此，正确计算工程量，对建设单位、施工企业和工程项目管理部门，对正确确定装饰装修工程造价都具有重要的现实意义。

二、装饰工程量计算的依据

（一）经审定的设计施工图纸及其说明

设计施工图是计算工程量的基础资料，因为施工图纸反映了装饰工程的各部位构造、做法及其相关尺寸，是计算工程量的基本依据。在取得施工图和设计说明等资料后，必须全面、细致地熟悉与核对有关图纸和资料，检查图纸是否齐全、正确。如果发现设计图纸有错漏或相互间有矛盾的，应及时向设计人员提出修正意见，及时更正。经审核、修正后的施工图才能作为计算工程量的依据。

（二）装饰装修工程量计算规则

在《建设工程工程量清单计价规范》、《房屋建筑与装饰工程工程量计算规范》中，编制了装饰装修工程量清单计量规则；在《全国统一建筑装饰装修工程消耗量定额》中，同样编制有工程量计算规则。两者配套使用。工程量计算规则由项目编码、项目名称、项目特征、计量单位、工程量计算规则、工程内容构成；消耗量定额各章中包含工程量计算规则、计量单位和分项工程名称。

建筑装饰装修工程量计算规则和相关说明详细地规定了各分部分项工程量的计算规则、计算方法和计量单位。它们是计算工程量的惟一依据，计算工程量时必须严格按照定额中的计量单位、计算规则和方法进行。否则，计算的工程量就不符合规定，或者说计算结果的数据和单位等与定额所含内容不相符。

（三）装饰装修施工组织设计与施工技术措施方案

装饰装修施工组织设计是确定施工方案、施工方法和主要施工技术措施等内容的基本技术经济文件。例如，在施工组织设计中要明确：铝合金吊顶项目中，是方板面层铝合金吊顶方案还是条板面层铝合金吊顶方案；大理石或花岗岩贴墙柱面项目中，是挂贴式还是粘贴式或者是干挂，粘贴时是用水泥砂浆粘贴还是用于粉型黏结剂粘贴。施工方案或施工方法不同，与分项工程的列项及套用定额相关，工程量计算也不一样。

三、确定和列出分项工程子目

根据设计图纸，列出全部需要编制预算的装饰工程项目，就称为列分项子目。注意，这里所说的项目是指设计图纸中所包含的，又要与预算定额相对应的那些项目，通常称为分项、子项或子目。

（一）确定和列出分项工程子目的原则

列工程子项时应掌握的基本原则是：既不能多列、错列，也不能少列、漏列。

1. 凡图纸上有的工程内容，定额中也有相应子目，列子项；

2. 凡图纸上有的工程内容，而定额中却无相应子目，也要列项；

3. 当图纸上无而定额中有的，不得列子项。

（二）确定和列出分项工程子目的方法和顺序

1. 按照施工图纸和预算定额，且以预算定额的编制顺序列项，从一个分部工程开始，找出相应的分项工程，在该分项工程中，再以定额编号为序，按上述原则逐一列出，直到图纸所含工程内容全部列出为止。

2. 按照施工图纸和施工顺序列项。装饰工程的施工顺序，与一般土建工程稍有差异，装饰工程施工是在主体结构工程基本完成之后进行的，它不一定要从下向上依次进行。在楼地面、墙柱面、天棚、门窗等分部工程中，可以先做天棚、墙柱面，再做门窗、地面，也可以组织平行流水作业，还可以多个房间（或单元）同时进行，或者数个楼层同时进行。因此，按施工顺序列项就要按照具体的施工组织设计来确定。通常，按定额的分部分项顺序列项者居多。

（三）确定和列出分项工程子目的要求

一般情况下，要求每一个子项列出如下内容：

1. 工程子项序号；

2. 定额编号；

3. 子项工程名称。

当图纸的构造做法、所用材料、规格与定额规定完全相同时，则列出定额所示子目名称及其编号；当定额规定内容及做法与图纸要求不完全相符时，应按图纸列子项名称，同时在查阅定额基价前需确认是否可以换算，如定额允许换算，则在定额编号的右下角加一个角注"换"字，以示该子项应进行定额调整或换算。

四、工程量计算的顺序

一个单位装饰装修工程，分项繁多，少则几十个分项，多则几百个，甚至更多些，而且很多分项类同，相互交叉。如果不按科学的顺序进行计算，就有可能出现漏算或重复计算工程量的情况，计算工程量的子项进入工程造价，若漏算或重复算了工程量，就会少计或多算工程造价，给造价带来虚假性，同时，也给审核、校对带来诸多不便。因此计算工程量必须按一定顺序进行，以免出差错。常用的计算顺序有以下几种：

（一）按已经确定和列出的分项工程子目顺序计算（即定额的分部分项顺序）

一般装饰分部分项的顺序为楼地面工程，墙柱面工程，天棚工程，门窗工程，油漆、涂料、裱糊工程，其他工程等六个部分，此外还有脚手架、垂直运输超高费、安全文明施工增加费等部分。

（二）从下到上逐层计算

对不同楼层来说，可先底层，后上层；对同一楼层或同一房间来说，可以先楼地面，再墙柱面，后天棚，先主要，后次要；对室内外装饰，可先室内，后室外，按一定的先后次序计算。

（三）计算工程量的技巧

1. 将计算规则用数学语言表达成计算式，然后按计算公式的要求从图纸上获取数据，再代入计算，数据的量纲要换算成与定额计量单位一致的量纲，不要将图纸上的尺寸单位（毫米）代入，以免在换算时搞错。

2. 采用表格法计算，其顺序及定额编号与所列子项一致，可避免错漏项，也便于检查复核。

3. 采用、推广计算机软件计算工程量，可使工程量计算既快又准，减少手工操作，提高工作效率。

运用以上各种方法计算工程量，应结合工程大小，复杂程度，以及个人经验，灵活掌握综合运用，以使计算全面、快速、准确。

（四）工程量计算注意事项

1. **严格按计算规则的规定进行计算**

工程量计算必须与工程量计算规则（或计算方法）一致，才符合要求。装饰装修工程消耗量定额和工程量清单计价暂行办法中，对各分项工程的工程量计算规则和计算方法都作了具体规定，计算时必须严格按规定执行。例如，楼地面整体面层、块料面层按饰面的净面积计算，而楼梯按水平投影面积计算；墙、柱面镶贴（挂）块料面层按实贴（挂）面积计算等。

2. **工程量计算所用原始数据（尺寸）的取得必须以施工图纸（尺寸）为准**

工程量是按每一分项工程，根据设计图纸进行计算的，计算时所采用的原始数据都必须以施工图纸所表示的尺寸或施工图纸能读出的尺寸为准进行计算，不得任意加大或缩小各部位尺寸。在装饰装修工程量计算中，较多地使用净尺寸，不得直接按图纸轴线尺寸，更不得按外包尺寸取代之，以免增大工程量。一般来说，净尺寸要按图示尺寸经简单计算取定。

3. **计算单位必须与规定的计量单位一致**

计算工程量时，所算各工程子项的工程量单位必须与相应子项的单位相一致。例如消耗量定额分项以平方米作单位时，所计算的工程量也必须以平方米作单位。在《全国统一建筑装饰装修工程量清单计量规则》中，主要计量单位采用以下规定：

（1）以体积计算的为立方米（m^3）；

（2）以面积计算的为平方米（m^2）；

（3）以长度计算的为米（m）；

（4）以重量计算的为吨或千克（t 或 kg）；

（5）以件（个或组）计算的为件（个或组）。

4. **工程量计算的准确度**

工程量计算数字要准确，一般应精确到小数点后三位，汇总后，其准确度取值要达到：

（1）立方米（m^3）、平方米（m^2）、米（m）及千克（kg）以下取两位小数；

（2）吨（t）以下取三位小数；

（3）个、件等取整数。

5. 各分项工程子项应标明：子项名称、定额编号、项目编码，以便于检查和审核。

第四节　装饰装修工程预算采用的表式

装饰装修工程预算是采用一系列表格形式进行编制的，由于采用的编制方式不同，其使用的表格形式也不尽相同。

一、采用"定额单价法"方式编制预算的表式

装饰装修工程预算书内容包括：封面、工程量计算表、直接工程费计算表、工程造价计算表、主要材料统计表及编制说明等。

各表的表式如表 3-1 ~ 表 3-6 所示：

表 3-1　封面表式

预算编号

装饰装修工程预算书
（　　　部分）

建设单位：

单位工程名称：　　　　　　　　　　　建筑面积：　　　　　m²

工程造价：　　　元　　　　　　　　　单位面积造价：　　　　元/m²

审核单位：　　　　　　　　　　　　　编制单位：

审核人：　　　　　　　　　　　　　　编制人：

编制日期：20　年　月　日

表 3-2　工程量计算表

序号	定额编号	分项子目名称	计 算 式	单　位	工程量

复核：　　　　　　　　　　　计算：

表 3-3　直接工程费计算表

序号	额定编号	分项子目名 称	单位	工程量	人工费（元）		材料费（元）		机械费（元）		总 价（元）
					单价	合价	单价	合价	单价	合价	
合　　计											

表 3-4　材料价差调整表

序　号	材料名称及规格	单　位	数　量	基价（元）	调整价（元）	单价差（元）	复价差（元）
合　　计							

表 3-5　工程造价计算表

序　号	费　用　名　称		计　算　式	价格（元）
1	直　接　费	直接工程费		
		措　施　费		
2	间　接　费			
3	利　润			
4	材料价差			
5	税　金			
6	工程造价			

表 3-6　主要材料统计表

序　号	定　额　编　号	分项子目名称	材　料　名　称				
			材料计量单位				

二、采用"定额实物法"方式编制预算的表式

装饰装修工程预算书内容包括：封面（同表 3-1），工程量计算表（同表 3-2），人工、

材料和机械实物工程量汇总表（表3-7），直接工程费计算表（表3-8），工程造价计算表（表3-9），主要材料统计表（同表3-6）及编制说明等。

各表的表式如下：

表3-7　人工、材料和机械实物工程量汇总表

序号	定额编号	分项子目名称	单位	工程量	人工实物量		材料实物量					机械实物量				
							×××		×××		…	×××		×××		…
					单位用量	合计用量	单位用量	合计计量	单位用量	合计计量	…	单位用量	合计计量	单位用量	合计计量	…
合　计																

表3-8　直接工程费计算表

序　号	人工、材料、机械名称	单　位	实物工程量	当时当地单价	合　价
	合　计				

表3-9　工程造价计算表

序　号	费　用　名　称		计　算　式	价格（元）
1	直　接　费	直接工程费		
		措　施　费		
2	间　接　费			
3	材　料　价　差			
4	税　金			
5	工　程　造　价			

三、采用"综合单价法"方式编制预算的表式

"综合单价法"的预算编制方式，是在装饰装修工程实行工程量清单招标投标的情况下采用的。它的表式包括两大部分，即：招标文件中的工程量清单表式和投标文件中的工程量清单计价表式（表3-10～表3-30）。

表 3-10 封面 1

_____工程

招标工程量清单

招 标 人：_____
（单位盖章）

造价咨询人：_____
（单位盖章）

年　月　日

表 3-11 封面 2

_____工程

招标控制价

招 标 人：_____
（单位盖章）

造价咨询人：_____
（单位盖章）

年　月　日

表 3-12 封面 3

_____工程

投标总价

投 标 人：_____
（单位盖章）

年　月　日

表 3-13 扉 1

_____工程

招标工程量清单

招 标 人：_____　　　　造价咨询人：_____
　　　　　　（单位盖章）　　　　　　　　　　　　（单位盖章）

法定代表人　　　　　　　　　　　　　法定代表人
或其授权人：_____　　　　或其授权人：_____
　　　　　　（签字或盖章）　　　　　　　　　　（签字或盖章）

编 制 人：_____　　　　复 核 人：_____
　　　　（造价人员签字盖专用章）　　　　　　（造价人员签字盖专用章）

编制时间：　年　月　日　　　　　　　复核时间：　年　月　日

表 3-14 扉 2

_____工程

招 标 控 制 价

招标控制价(小写)：_____

　　　　(大写)：_____

招 标 人：_____　　　　造　价
　　　　　（单位盖章）　　　　　　　咨 询 人：_____
　　　　　　　　　　　　　　　　　　　　　　（单位盖章）

法定代表人　　　　　　　　　　　　　法定代表人
或其授权人：_____　　　　或其授权人：_____
　　　　　　（签字或盖章）　　　　　　　　　　（签字或盖章）

编 制 人：_____　　　　复 核 人：_____
　　　　（造价人员签字盖专用章）　　　　　　（造价人员签字盖专用章）

编制时间：　年　月　日　·　　　　　　复核时间：　年　月　日

49

表 3-15 扉 3

_____工程

投 标 总 价

招 标 人：_____

工 程 名 称：_____

投 标 总 价(小写)：_____

(大写)：_____

投 标 人：_____

法定代表人 　　　(单位盖章)

或其授权人：_____

　　　　　(签字或盖章)

编 制 人：_____

(造价人员签字盖专用章)

时 　 间：　 年 月 日

表 3-15 总说明

工程名称：   第 页共 页

表 3-16 建设项目招标控制价/投标报价汇总表

工程名称：   第   页共   页

| 序号 | 单项工程名称 | 金额（元） | 其中：（元） | | |
			暂估价	安全文明施工费	规费
	合　计				

注：本表适用于建设项目招标控制价或投标报价的汇总。

表 3-17 单项工程招标控制价/投标报价汇总表

工程名称：   第   页共   页

| 序号 | 单位工程名称 | 金额（元） | 其中：（元） | | |
			暂估价	安全文明施工费	规费
	合　计				

注：本表适用于单项工程招标控制价或投标报价的汇总。暂估价包括分部分项工程中的暂估价和专业工程暂估价。

表3-18 单位工程招标控制价/投标报价汇总表

工程名称：　　　　　　　　　　　　　　标段：　　　　第　　页共　　页

序号	汇 总 内 容	金额（元）	其中：暂估价（元）
1	分部分项工程		
1.1			
1.2			
1.3			
1.4			
1.5			
2	措施项目		—
2.1	其中：安全文明施工费		—
3	其他项目		—
3.1	其中：暂列金额		—
3.2	其中：专业工程暂估价		—
3.3	其中：计日工		—
3.4	其中：总承包服务费		—
4	规费		—
5	税金		—
招标控制价合计 = 1 + 2 + 3 + 4 + 5			

注：本表适用于单位工程招标控制价或投标报价的汇总，如无单位工程划分，单项工程也使用本表汇总。

表3-19 分部分项工程和单价措施项目清单与计价表

工程名称：　　　　　　　　　　　　　　标段：　　　　第　　页共　　页

序号	项目编码	项目名称	项目特征描述	计量单位	工程量	金额（元）		
						综合单价	合价	其中 暂估价
				本页小计				
				合　计				

注：为计取规费等的使用，可在表中增设其中："定额人工费"。

52

表 3-20 综合单价分析表

工程名称：   标段：   第 页共 页

| 项目编码 | | 项目名称 | | 计量单位 | | 工程量 | |

清单综合单价组成明细

定额编号	定额项目名称	定额单位	数量	单价				合价			
				人工费	材料费	机械费	管理费和利润	人工费	材料费	机械费	管理费和利润
人工单价				小 计							
元/工日				未计价材料费							
清单项目综合单价											

材料费明细	主要材料名称、规格、型号					单位	数量	单价（元）	合价（元）	暂估单价（元）	暂估合价（元）
	其他材料费							—		—	
	材料费小计							—		—	

注：1. 如不使用省级或行业建筑主管部门发布的计价依据，可不填定额编号、名称等。
　　2. 招标文件提供了暂估单价的材料，按暂估的单价填入表内"暂估单价"栏及"暂估合价"栏。

表 3-21 综合单价调整表

工程名称：   标段：   第 页共 页

序号	项目编码	项目名称	已标价清单综合单价（元）					调整后综合单价（元）				
			综合单价	其中				综合单价	其中			
				人工费	材料费	机械费	管理费和利润		人工费	材料费	机械费	管理费和利润
造价工程师（签章）： 发包人代表（签章）日期：							造价人员（签章）： 承包人代表（签章）日期：					

注：综合单价调整应附调整依据。

表 3-22 总价措施项目清单与计价表

工程名称：   标段：   第 页共 页

序号	项目编码	项目名称	计算基础	费率（%）	金额（元）	调整费率（%）	调整后金额（元）	备注
		安全文明施工费						
		夜间施工增加费						
		二次搬运费						
		冬雨季施工增加费						
		已完工程及设备保护费						
	合 计							

编制人（造价人员）：   复核人（造价工程师）：

注：1. "计算基础"中安全文明施工费可为"定额基价"、"定额人工费"或"定额人工费+定额机械费"，其他项目可为"定额人工费"或"定额人工费+定额机械费"。

2. 按施工方案计算的措施费，若无"计算基础"和"费率"的数值，也可只填"金额"数值，但应在备注栏说明施工方案出处或计算方法。

表 3-23 其他项目清单与计价汇总表

工程名称：   标段：   第 页共 页

序号	项目名称	金额（元）	结算金额（元）	备注
1	暂列金额			明细详见表 3-24
2	暂估价			
2.1	材料（工程设备）暂估价/结算价			明细详见表 3-25
2.2	专业工程暂估价/结算价			明细详见表 3-26
3	计日工			明细详见表 3-27
4	总承包服务费			明细详见表 3-28
5	索赔与现场签证			明细详见表 3-29
	合计			—

注：材料（工程设备）暂估单价进入清单项目综合单价，此处不汇总。

表 3-24 暂列金额明细表

工程名称：　　　　　　　　　　　　　　　标段：　　　　　　第　页共　页

序号	项目名称	计量单位	暂定金额（元）	备注
1				
2				
3				
4				
5				
6				
7				
8				
9				
10				
11				
合计				—

注：此表由招标人填写，如不能详列，也可只列暂定金额总额，投票人应将上述暂列金额计入投标总价中。

表 3-25 材料（工程设备）暂估单价及调整表

工程名称：　　　　　　　　　　　　　　　标段：　　　　　　第　页共　页

序号	工程名称	工程内容	数量		暂估（元）		确认（元）		差额±（元）		备注
			暂估	确认	单价	合价	单价	合价	单价	合价	
合计											

注：此表由招标人填写"暂估单价"，并在备注栏说明暂估价的材料、工程设备拟用在哪些清单项目上，投标人应将上述材料、工程设备暂估单价计入工程量清单综合单价报价中。

表 3-26 专业工程暂估价及结算价表

工程名称：　　　　　　　　　　　　　　　标段：　　　　　　第　页共　页

序号	工程名称	工程内容	暂估金额（元）	结算金额（元）	差额±（元）	备注
合计						

注：此表"暂估金额"由招标人填写，投标人应将"暂估金额"计入投标总价中。结算时按合同约定结算金额填写。

表 3-27 计日工表

工程名称：   标段：   第　页共　页

编号	项目名称	单位	暂定数量	实际数量	综合单价（元）	合价（元）	
						暂定	实际
一	人工						
1							
2							
3							
4							
人 工 小 计							
二	材料						
1							
2							
3							
4							
5							
6							
材 料 小 计							
三	施工机械						
1							
2							
3							
4							
施工机械小计							
四、企业管理费和利润							
总　计							

注：此表项目名称、暂定数量由招标人填写，编制招标控制价时，单价由招标人按有关计价规定确定；投标时，单价由投标人自主报价，按暂定数量计算合价计入投标总价中。结算时，按发承包双方确认的实际数量计算合价。

表 3-28 总承包服务费计价表

工程名称：   标段：   第　页共　页

序号	项目名称	项目价值（元）	服务内容	计算基础	费率（%）	金额（元）
1	发包人发包专业工程					
2	发包人提供材料					
	合计	—			—	

注：此表项目名称、服务内容由招标人填写，编制招标控制价时，费率及金额由招标人按有关计价规定确定；投标时，费率及金额由投标人自主报价，计入投标总价中。

56

表 3-29　索赔与现场签证计价汇总表

工程名称：　　　　　　　　　　　　　　　标段：　　　　　　　　第　页共　页

序号	签证及索赔项目名称	计量单位	数量	单价（元）	合价（元）	索赔及签证依据
—	本页小计					
—	合计					

注：签证及索赔依据是指经发承包双方认可的签证单和索赔依据的编号。

表 3-30　规费、税金项目计价表

工程名称：　　　　　　　　　　　　　　　标段：　　　　　　　　第　页共　页

序号	项目名称	计算基础	计算基数	计算费率（%）	金额（元）
1	规费	定额人工费			
1.1	社会保险费	定额人工费			
(1)	养老保险费	定额人工费			
(2)	失业保险费	定额人工费			
(3)	医疗保险费	定额人工费			
(4)	工伤保险费	定额人工费			
(5)	生育保险费	定额人工费			
1.2	住房公积金	定额人工费			
1.3	工程排污费	按工程所在地环境保护部门收取标准，按实计入			
2	税金	分部分项工程费＋措施项目费＋其他项目费＋规费－按规定不计税的工程设备金额			
	合计				

编制人（造价人员）：　　　　　　　　　　　　　　　复核人（造价工程师）：

第五节　工程量计算的一般规定

目前，我国绝大部分建设工程的发包与承包，都是采用招标投标方式完成的。因此，作为标价（包括标底价格和投标报价）计算的主要工作——工程量计算，也要按不同的需要、不同的计算依据、不同的计算方法，分两大部分进行。即：招标的工程量计算和投标的工程量计算。

一、工程量计算方法和依据

1. 2013 年 7 月 1 日施行的《建设工程工程量清单计价规范》和《房屋建筑与装饰工程工程量计算规范》"。

2. 2002 年 1 月 1 日施行的《全国统一建筑装饰装修工程消耗量定额》（以下简称"全统装饰定额"）。

3. 1995 年 12 月 15 日施行的《全国统一建筑工程基础定额》（以下简称"全统基础定额"）。

4. 地区现行的《装饰装修工程预算定额》（以下简称"地方定额"）。

5. 企业现行的《装饰装修工程施工定额》（以下简称"企业定额"）。

二、招标的工程量

招标的工程量是指招标人在编制招标文件时，列在工程量清单中的工程量。建筑装饰装修工程量清单（简称工程量清单），是招标文件的组成部分，是编制招标标底、投标报价的依据。工程量清单应由具有编制能力的招标人或受其委托，具有相应资质的工程造价咨询人编制。工程量清单是按照招标文件、施工图纸和技术资料的要求，将拟建招标工程的全部项目内容，依据和统一的施工项目划分规定，计算拟招标工程项目的全部分部分项的实物工程量和技术性措施项目，并以统一的计量单位和表式列出的工程量表，称为工程量清单。工程量清单由分部分项工程量清单、措施项目清单、其他项目清单、规费项目清单、税金项目清单组成。

（一）招标工程量的计算依据

1. 招标文件；

2. 施工图纸及相关资料；

3. 《建设工程工程量清单计价规范》和《房屋建筑与装饰工程工程量计算规范》统一的工程量计算（量）规则；

4. 《建设工程工程量清单计价规范》和《房屋建筑与装饰工程工程量计算规范》统一的工程量清单项目划分标准；

5. 《建设工程工程量清单计价规范》和《房屋建筑与装饰工程工程量计算规范》统一的工程量计量单位；

6. 《建设工程工程量清单计价规范》和《房屋建筑与装饰工程工程量计算规范》统一的分部分项清单项目编码、项目名称和项目特征；

7. 施工现场实际情况。

（二）招标工程量的主要作用

1. 招标人编制并确定标底价的依据；

2. 投标人编制投标报价，策划投标方案的依据；

3. 工程量清单是招标人、投标人签订工程施工合同的依据；

4. 工程量清单也是工程结算和工程竣工结算的依据。

三、投标的工程量

投标的工程量是指投标人在编制投标文件时，确定投标报价的工程量。

（一）投标工程量的计算依据

1. 招标文件；
2. 施工图纸及有关资料；
3. 企业定额；
4. 全统基础定额；
5. 全统装饰定额；
6. 施工现场实际情况。

（二）投标工程量的主要作用

1. 投标人编制并确定投标报价的依据；
2. 投标人策划投标方案的依据；
3. 投标人编制施工组织设计的依据；
4. 投标人进行工料分析、确定实际工期、编制施工预算和施工计划的依据。

四、定额工程量与清单工程量

（一）定额工程量与清单工程量的含义

1. 定额工程量

施工企业（承包商、投标人）在投标报价时，依据企业定额，或者参考地区装饰定额、全统基础定额和全统装饰定额计算出来的工程量，我们简称为定额工程量，即投标的工程量。

由于目前全国许多施工企业尚没有自己内部的企业定额，所以，在编制投标报价时，可以参考现行的地方定额、全统基础定额和全统装饰定额的工程量计算规则并结合实际情况，计算工程量。

2. 清单工程量

建设单位（业主、招标人）在编制招标文件时，依据清单计价规范计算出来的工程量，我们简称为清单工程量，即招标的工程量。

凡是实行工程量清单招标的工程，招标文件中必须附有工程量清单，工程量清单工程量必须严格按照清单计价规范中的工程量计算规则进行计算。

（二）定额工程量与清单工程量的区别

1. 工程量计算依据不同

（1）定额工程量依据的是施工企业内部的施工定额（企业定额），如果没有企业定额，则可以参考地区装饰定额或全统基础定额和全统装饰定额，并可结合实际情况进行调整。

（2）清单工程量依据的是清单计价规范。

2. 工程量的用途不同

（1）定额工程量是供施工企业确定投标报价时使用。

（2）清单工程量是供建设单位编制招标文件时使用。

3. 工程量项目设置的数量不同

（1）全统装饰定额的项目设置为：楼地面工程，墙柱面工程，天棚工程，门窗工程，油漆、涂料、裱糊工程，其他工程，装饰装修脚手架及项目成品保护费，垂直运输及超高增加费，共 8 章 59 节 1457 个子目。

（2）《房屋建筑与装饰工程工程量计算规范》的项目设置为：楼地面装饰工程，墙、柱面装饰与隔断、幕墙工程，天棚工程，油漆、涂料、裱糊工程，其他装饰工程、拆除工程，共 6 章 52 节 223 个子目。全统装饰定额中的"装饰装修脚手架及项目成品保护费"和"垂直运输及超高增加费"列入工程量清单措施项目中。

4. 工程量计算规则适用的范围不同

（1）全统装饰定额工程量计算规则适用于所有新建、扩建和改建工程的装饰装修工程预算工程量计算。

（2）清单计价规范工程量计算规则只适用于采用工程量清单计价的装饰装修工程预算工程量计算。

5. 工程量项目包括的工程内容不同

（1）全统装饰定额的项目是按施工工序进行设置的，其分项子目划分的比较细，有 1457 个之多。各节子目包括的工程内容也比较单一，例如大理石楼地面、花岗岩楼地面等项目，其工作内容包括：清理基层、试排弹线、锯板修边、铺贴饰面、清理净面。从工作内容可以看出，其工程内容只限大理石和花岗岩地面面层本身，其垫层、找平层则只需列子目单独计算。

（2）《房屋建筑与装饰工程工程量计算规范》的项目设置按"综合实体"考虑的，其分项子目划分的比较粗，只有 223 个。划分时，在全统装饰定额的基础上进行了综合扩大，各子目包括的工程内容大大增加了，例如石材楼地面子目包括了大理石楼地面、花岗岩楼地面等石材楼地面项目，其工程内容包括：基层清理，抹找平层，面层铺设，磨边，嵌缝，刷防护材料，酸洗，打蜡，材料运输。

6. 工程量的计量单位值不同

（1）全统装饰定额的工程量计量单位值根据不同情况设置为"1"、"10"、"1000"等数值。

（2）《房屋建筑与装饰工程工程量计算规范》的工程量计量单位值全部设置为"1"。

7. 工程量的计量原则不同

（1）全统装饰定额工程量的计量原则是：在根据图纸的净尺寸计算出分项工程的实体净值（理论量）的基础上，还要加算实际施工中因各种因素必须发生的工程量，例如各种不可避免的损耗量以及需要增加的工程量。

（2）《房屋建筑与装饰工程工程量计算规范》工程量的计量原则是：以按图纸的净尺寸计算出分项工程的实体工程量为准，以完成后的净值（理论量）计算。其他因素引起的工程量变化不予考虑。

五、全统基础定额与全统装饰定额的关系

（一）装饰装修工程预算定额的演变

建筑装饰装修工程原属于建筑工程预算定额中的一个分部工程。随着改革开放方针政策的施行，我国城乡现代楼宇、高档房屋、高消费娱乐设施以及对原有旧式不同结构房屋的更新改造的蓬勃兴起与发展，带动了各类装饰装修工程的兴起。房屋装饰装修工程不但给宾馆、饭（酒）店和大小不同的商业门面带来了富丽堂皇，而且装饰热也走进了寻常百姓家，大有发展成建筑行业中一个独立行当的势头。

建设部于 1992 年 12 月以"建标（1992）925 号"通知发布了我国第一部《全国统一建筑装饰工程预算定额》。

在《全国统一建筑工程基础定额》发布之际的 1995 年 12 月，《全国统一建筑装饰工程预算定额》停止执行。有关装饰工程造价的确定，统一执行《全国统一建筑工程基础定额》中的第 11 章"装饰工程"分部定额。

为了适应装饰装修工程造价管理和与国际惯例接轨的需要，我国建设部又于 2001 年 12 月以"建标（2001）271 号"通知发布了我国第二部装饰工程定额——《全国统一建筑装饰装修工程消耗量定额》。

（二）全统基础定额与全统装饰定额的关系

全统基础定额是现行的建筑工程预算定额，全统装饰定额量是现行的装饰装修工程预算定额，在编制装饰装修工程预算时，二者要配合使用，以全统装饰定额为主。其具体规定如下：

1. 全统基础定额中的停止使用部分

建设部关于发布全统装饰定额的通知中指出："为适应装饰装修工程造价管理的需要，由我部组织制订的《全国统一建筑装饰装修工程消耗量定额》GYD—901—2002 已经审查，现批准发布，自 2002 年 1 月 1 日起施行。建设部 1995 年批准发布的《全国统一建筑工程基础定额》（土建工程 GJD—101—95）中的相应部分同时停止执行。"

2. 全统基础定额中的仍需使用部分

在全统装饰定额和总说明中规定："本定额与《全国统一建筑工程基础定额》相同的项目，均以本定额项目为准；本定额未列项目（如找平层、垫层等），则按《全国统一建筑工程基础定额》相应项目执行。"

在编制装饰装修工程预算时，全统基础定额中仍需使用的项目如下：

（1）门窗及木结构工程

①普通木门；

②厂库房大门、特种门；

③普通木窗；

④木屋架；

⑤屋面木基层；

⑥木楼梯、木柱、木梁。

（2）楼地面工程

①垫层；

②找平层；

③整体面层（除水磨石外）。

（3）装饰工程

①墙柱面装饰的一般抹灰；

②天棚装饰的抹灰面层。

第四章　建筑面积的计算方法

第一节　建筑面积概述

一、建筑面积的相关概念

1. 建筑面积的概念

建筑面积（亦称建筑展开面积），是指建筑物各层水平面积的总和。建筑面积是由使用面积、辅助面积和结构面积组成，其中使用面积与辅助面积之和称为有效面积。其公式为：

建筑面积 = 使用面积 + 辅助面积 + 结构面积 = 有效面积 + 结构面积

2. 使用面积的概念

使用面积，是指建筑物各层布置中可直接为生产或生活使用的净面积总和。例如住宅建筑中的卧室、起居室、客厅等。住宅建筑中的使用面积也称为居住面积。

3. 辅助面积的概念

辅助面积，是指建筑物各层平面布置中为辅助生产和生活所占净面积的总和。例如住宅建筑中的楼梯、走道、厕所、厨房等。

4. 结构面积的概念

结构面积，是指建筑物各层平面布置中的墙体、柱等结构所占的面积的总和。

5. 首层建筑面积的概念

首层建筑面积，也称为底层建筑面积，是指建筑物底层勒脚以上外墙外围水平投影面积。首层建筑面积作为"二线一面"中的一个重要指标，在工程量计算时，将被反复使用。

二、建筑面积的作用

1. 建筑面积是国家在经济建设中进行宏观分析和控制的重要指标

在经济建设的中长期计划中，各类生产性和非生产性的建筑面积，城市和农村的建筑面积，沿海地区和内陆地区的建筑面积，国民人均居住面积，贫困人口的居住面积等，都是国家及其各级政府要经常进行宏观分析和控制的重要指标，也是一个国家工农业生产发展状况、人民生活条件改善、文化福利设施发展的重要标志。

2. 建筑面积是编制概预算、确定工程造价的重要依据

建造面积在编制建设工程概预算时，是计算结构工程量或用于确定某些费用指标的基础，如计算出建筑面积之后，利用这个基数，就可以计算地面抹灰、室内填土、地面垫层、平整场地、脚手架工程等项目的预算价值。为了简化预算的编制和某些费用的计算，有些取费指标的取定，如中小型机械费、生产工具使用费、检验试验费、成品保护增加费等也是以建筑面积为基数确定的。建筑面积作为结构工程量的计算基础，不仅重要，而且也是一项需要认真对待和细心计算的工作，任何粗心大意都会造成计算上的错误，不但会造成结构工程

量计算上的偏差，也会直接影响概预算造价的准确性，造成人力、物力和国家建设资金的浪费及大量建筑材料的积压。

3. 建筑面积指标是企业加强管理、提高投资效益的重要工具

建筑面积的合理利用，合理进行平面布局，充分利用建筑空间，不断促进设计部门、施工企业及建设单位加强科学管理，降低工程造价，提高投资经济效益等都具有很重要的经济意义。

4. 建筑面积是检查控制工程进度和竣工任务的重要指标

在进行工程进度分析时，"已完工面积"、"已竣工面积"和"在建面积"等统计数据，都是以建筑面积指标来表示的。

5. 建筑面积是审查评价建筑工程单位造价标准的主要衡量指标

如经济适用房的标准要求在 500 ~ 800 元/m² 左右，豪华住宅标准多在 1500 ~ 2000 元/m² 左右，高级别墅的标准一般为 2500 元/m² 以上等。不同档次的建筑，对造价标准的要求均不一样，其统一衡量的标准均以建筑面积为基本依据。

6. 建筑面积是划分工程类别的标准之一

有些省市在计算施工管理费、临时设施费和利润时，是按工程类别确定取费标准的，例如民用建筑，一般建筑面积大于 10000m² 为一类工程，6000 ~ 10000m² 为二类工程，3000 ~ 6000m² 为三类工程，小于 3000m² 为四类工程等。

三、与建筑面积有关的重要技术经济指标

（一）单位工程每平方米建筑面积消耗指标（亦称单方消耗指标）

1. 单方造价 $= \dfrac{\text{单位工程造价}}{\text{建筑面积}}$

2. 单方工（料、机）耗用量 $= \dfrac{\text{单位工程工（料、机）耗用量}}{\text{建筑面积}}$

（二）建筑平面系数指标体系

建筑平面系数指标体系是指反映建筑设计平面布置合理性的指标体系，通常包括四个指标，即平面系数、辅助面积系数、结构面积系数和有效面积系数。

1. 建筑平面系数（K 值） $= \dfrac{\text{使用面积（住宅为居住面积）}}{\text{建筑面积}} \times 100\%$

在居住建筑中，K 值一般为 50% ~ 55%。

2. 辅助面积系数 $= \dfrac{\text{辅助面积}}{\text{建筑面积}} \times 100\%$

3. 结构面积系数 $= \dfrac{\text{结构面积}}{\text{建筑面积}} \times 100\%$

4. 有效面积系数（K_1 值） $= \dfrac{\text{有效面积}}{\text{建筑面积}} \times 100\%$

（三）建筑密度指标

建筑密度指标是反映建筑用地经济性的主要指标之一。

$$\text{建筑密度} = \dfrac{\text{建筑基底总面积（建筑底层占地面积）}}{\text{建筑用地总面积}}$$

（四）建筑面积密度(容积率)指标

建筑面积密度指标是反映建筑用地使用强度的主要指标。一般情况下，建筑面积密度大，则土地利用程度高，土地的经济性较好。但过分追求建筑面积密度，会带来人口密度过大的问题，影响居住质量。

$$建筑面积密度（容积率）= \frac{总建筑面积}{建筑用地面积}$$

第二节　建筑面积的计算方法

由于建筑面积是一项重要的指标，起着衡量基本建设规模、投资效益、建设成本等重要尺度的作用。因此，国家颁发了《建筑面积计算规则》，统一了建筑面积的计算方法。

建筑面积计算规则的计算方法，规定了建筑面积计算的三个基本方面：①计算全部面积的项目；②计算部分面积的项目；③不计算建筑面积的项目。

上述三个方面的分类，是基于以下两个方面的考虑：一是尽可能较准确地反映建筑物各组成部分的价值量。例如，没有围护结构的挑阳台按其水平投影面积的一半计算建筑面积，而有围护结构的挑阳台则算全部面积。又如，层高超过 2.2m 的技术层相当于或接近于一个自然楼层，因而需计算全部建筑面积。二是尽量简化计算过程。例如，突出墙面的柱、垛不计算建筑面积等。

一、建筑面积计算规则

（一）计算建筑面积的范围

1. 单层建筑物不论其高度如何，均按一层计算建筑面积。其建筑面积按建筑物外墙勒脚以上结构的外围水平面积计算。单层建筑物内设有部分楼层者，首层建筑面积已包括在单层建筑物内，二层及二层以上应计算建筑面积。高低联跨的单层建筑物，需分别计算建筑面积时，应以结构外边线为界分别计算。

说明：

（1）单层建筑物可以是民用建筑、公共建筑，也可以是工业厂房。

（2）"建筑物外墙勒脚以上结构的外围水平面积"主要强调建筑面积应包括墙的结构面积，不包括抹灰、装饰材料厚度所占的面积。

（3）单层建筑物内设有部分楼层者，应将围起楼隔层的内墙厚包括在建筑面积内。

（4）高低跨单层建筑物，如需分别计算建筑面积，且当高跨为边跨时，其建筑面积按勒脚以上两端山墙外表面间的水平投影长度乘以勒脚以上外墙表面至高跨中柱外边线水平宽度计算；当高跨为中跨时，其建筑面积按勒脚以上两端山墙外表面间水平投影长度，乘以中柱外边线水平宽度计算。

2. 多层建筑物建筑面积，按各层建筑面积之和计算，其首层建筑面积按外墙勒脚以上结构的外围水平面积计算，二层及二层以上按外墙结构的外围水平面积计算。

说明：

（1）该条规则与第 1 条规则的实质基本一致。

（2）"二层及二层以上"，有可能楼面各层的平面布置不同，导致面积不同，所以要分层计算建筑面积。

（3）当各楼层与底层建筑面积相同时，其建筑面积等于底层建筑面积乘以层数。

（4）多层建筑物当外墙外边线不一致时，如一层外墙厚 370mm、二层以上外墙厚 240mm，则应分层计算建筑面积。

3. 同一建筑物，如结构、层数不同时，应分别计算建筑面积。

说明：当底层是现浇钢筋混凝土框架结构，楼上各层是砖混结构时，应按结构类型分别计算建筑面积。

4. 地下室、半地下室、地下车间、仓库、商店、车站、地下指挥部及相应的出入口建筑面积，按其上口外墙（不包括采光井、防潮层及其保护墙）外围水平面积计算。

说明：

（1）各种地下室按露出地面的外墙所围的面积计算建筑面积，立面防潮层及其保护墙的厚度不算在建筑面积之内。

（2）地下室设采光井是为了满足采光通风的要求，在地下室围护墙的上口开设的矩形或其他形状的井。井的上口设有铁栅，井的一个侧面装地下室用的窗子。该采光井不计算建筑面积。

5. 建于坡地的建筑物利用吊脚空间设置架空层和深基础地下架空层设计加以利用时，其层高超过 2.2m，按围护结构外围水平面积计算建筑面积。

说明：

（1）满堂基础、箱式基础如做架空层，就可以安装一些设备或当仓库用。该架空层层高超过 2.2m 才计算建筑面积。

（2）超过 2.2m，指大于 2.2m。

6. 穿过建筑物的通道，建筑物内的门厅、大厅，不论其高度如何，均按一层建筑面积计算。门厅、大厅内设有回廊时，按其自然层的水平面积计算建筑面积。

说明：

（1）"穿过建筑物的通道"是指在房屋建筑地点原来有一条道路，当多层建筑物跨建在这条道路上时，必须留出这一交通要道。这一通道可能要占建筑物二层或二层以上的高度，所以计算规则规定，不论通道占的高度如何，只能按一层计算建筑面积。

（2）宾馆、影剧院、大会堂、教学楼等的大楼内的门厅或大厅，往往要占建筑物的二层或二层以上的高度，这时也只能算一层建筑面积。

（3）"门厅、大厅内设有回廊"是指在建筑物内大厅或门厅的上部（二层或二层以上），四周向大厅或门厅中心挑出的走廊。

7. 室内楼梯间、电梯井、提物井、垃圾道、管道井等，均按建筑物的自然层计算建筑面积。

说明：

（1）电梯井主要是上人电梯用的垂直通道。

（2）提物井是指图书馆提升书籍、酒店用于提升食物的垂直通道。

（3）垃圾道是指住宅或办公楼等每层设倾倒垃圾口的垂直通道。

（4）管道井是指宾馆或写字楼内集中安装给排水、暖通、消防、电线管道用的垂直通道。

（5）"均按建筑物的自然层计算建筑面积"是指上述通道经过了几层楼，就用通道水平投影面积乘上几层。

8. 书库、立体仓库设有结构层的，按结构层计算建筑面积，没有结构层的按承重书架层或货架层计算建筑面积。

说明：

（1）书架层是指放一个完整大书架的承重层，不是指书架上放书的层数。

（2）书架层按实际的水平投影面积计算建筑面积。

（3）书库、仓库的结构层是指承受库物的承重层。书库称为阶层，仓库称为货仓层，由于存书、堆货都要受到一定高度限制，因此，常将两层楼板间再分隔1~2层，满间设者为结构层，部分设者为书（货）架层。均按其各层的水平投影面积计算建筑面积。一个结构层内以钢架分成上下两层书库的，仍按一层计算建筑面积。

9. 有围护结构的舞台灯光控制室，按其围护结构外围水平面积乘以层数计算建筑面积。

说明：若有围护结构的舞台灯光控制室只有一层，不再另行计算建筑面积。因算整个建筑面积时已包括在内。

大部分剧院将舞台灯光控制室设在舞台内侧夹层上或设在耳光室中，实际上是一个有墙有顶的分隔间，应按围护结构的层数计算建筑面积。

10. 建筑物内设备管道层、贮藏室其层高超过2.2m时，应计算建筑面积。

说明：设备管道层又称技术层，主要用来安置通讯电缆、空调通风、冷热管道等，无论是满设或部分设置，只要层高超过2.2m，就应计算建筑面积。

11. 有柱的雨篷、车棚、货棚、站台等，按柱外围水平面积计算建筑面积；独立柱的雨篷、单排柱的车棚、货棚、站台等，按其顶盖水平投影面积的一半计算建筑面积。

说明：

（1）有柱的雨篷、车棚、货棚和站台是指有两根柱以上的篷（棚）顶结构物。

（2）独立柱的雨篷，单排柱的车棚、货棚、站台等，按其顶盖水平投影面积的一半计算建筑面积。

（3）有的平面轮廓为L形的建筑物，雨篷布置在拐角处。虽只有一根柱，但它仍有两个以上支撑点，也应计算建筑面积。

（4）双排柱雨篷、车棚、站台等计算的建筑面积小于顶盖水平投影面积一半时，按其顶盖水平投影面积的一半计算建筑面积。

12. 屋面上部有围护结构的楼梯间、水箱间、电梯机房，按围护结构外围水平面积计算建筑面积。

说明：

（1）通常，突出屋面的楼梯间、水箱间等有围护结构就会有顶盖，但有顶盖不一定有围护结构。当有顶盖又有围护结构时就构成了一间房屋，所以要计算建筑面积。

（2）单独放在屋面上的钢筋混凝土水箱或钢板水箱，不计算建筑面积。

13. 建筑物外有围护结构的门斗、眺望间、观望电梯间、阳台、厨窗、挑廊等，按其围护结构外围水平面积计算建筑面积。

说明：

（1）门斗：门斗是用于防寒、防尘的过渡交通间。分为凸出墙外的"外门斗"和不凸出墙外的"内门斗"。内门斗不另行计算建筑面积，外门斗按凸出主墙身外的门斗轮廓外边线尺寸计算建筑面积。

（2）本条中所述的围护结构，泛指砖墙、玻璃幕墙和封闭玻璃窗等。

（3）挑廊：挑廊是从结构方式上命名的，它是指从房屋主墙悬挑出去的走廊。一般在多层楼房中使用这种结构。

（4）阳台：阳台悬挑于建筑物每一层的外墙上，是连接室内外的平台，给居住在多（高）层建筑物里的人们提供一个舒适的室外活动空间，让人们足不出户，就能享受到大自然的新鲜空气和明媚阳光，还可以起到观景、纳凉、晒衣、养花等多种作用，改变单元住宅给人们造成的封闭感和压抑感，是多层住宅、高层住宅和旅馆等建筑中不可缺少的一部分。

14. 建筑物外有柱和顶盖的走廊、檐廊，按柱外围水平面积计算建筑面积；有盖无柱的走廊、檐廊挑出墙外宽度在 1.50m 以上时，按其顶盖水平投影面积的一半计算建筑面积。无围护结构的凹阳台、挑阳台，按其水平投影面积的一半计算建筑面积。建筑物间有顶盖的架空走廊，按其顶盖水平投影面积计算建筑面积。

说明：

（1）建筑物外有柱和顶盖的走廊、檐廊，按柱外围水平面积计算建筑面积。

（2）有盖无柱的走廊、檐廊挑出墙外宽度在 1.5m 以上时，按其顶盖投影面积的一半计算建筑面积。

（3）无围护结构的凹阳台、挑阳台，按其水平面积的一半计算建筑面积。

（4）建筑物间有顶盖的架空走廊，按其顶盖的水平投影面积计算建筑面积。

（5）建筑物底层有多个房间，房间外有通长走廊、无柱、房间门外都有踏步直接通向外面，该走廊应按其投影面积的一半计算建筑面积。

（6）某建筑物靠山建筑，其三楼伸出架空通廊与山边联结，该无顶盖的架空通廊，按其投影面积的一半计算建筑面积。

（7）某建筑物的凹阳台和客厅融为一个大房间，房间的外墙不封闭，房间内有几个门，作为通向卧室、厨房、厕所的客厅用，该敞开式的大房间不能作为凹阳台考虑，应按全部建筑面积计算。

15. 室外楼梯，按自然层投影面积之和计算建筑面积。

说明：

室外楼梯一般分为两跑梯式，梯井宽一般都不超过 500mm，故按各层水平投影面积计算建筑面积，不扣减梯井面积。

室外楼梯建筑面积按自然层投影面积之和计算。自然层指房屋的建筑结构自然层。楼梯层数随结构自然层层数而计算建筑面积。

16. 建筑物内的变形缝、沉降缝等，凡缝宽在 300mm 以内者，均依其缝宽按自然层计算建筑面积，并入建筑物建筑面积之内计算。

说明：

变形缝：建筑物由于温度变化、地基不均匀沉降以及地震等作用的影响，使结构内部产生附加应力和变形，处理不当，将会造成建筑物的破坏，产生裂缝甚至倒塌，其解决办法有二：一是加强建筑物的整体性，使之具有足够的强度和整体刚度来抵抗这些破坏应力，不产生破裂；二是预先在这些变形敏感部位将结构断开，预留缝隙，以保证各部分建筑物在这些缝隙中有足够的变形而不致造成建筑物的破损。这种将建筑物垂直分割开来的预留缝称为变形缝。

变形缝有三种，即伸缩缝、沉降缝和防震缝。

（二）不计算建筑面积的范围

1. 突出外墙的构件、配件、附墙柱、垛、勒脚、台阶、悬挑雨篷；墙面抹灰、镶贴块材、装饰面等。

2. 用于检修、消防等的室外爬梯。

3. 层高 2.2m 以内的设备管道层、贮藏室、设计不利用的深基础架空层及吊脚架空层。

4. 建筑物内操作平台、上料平台、安装箱或罐体平台；没有围护结构的屋顶水箱、花架、凉棚等。

5. 独立烟囱、烟道、地沟、油（水）罐、气柜、水塔、贮油（水）池、贮仓、栈桥、地下人防通道等构筑物。

6. 单层建筑物内分隔单层房间，舞台及后台悬挂的幕布。布景天桥、挑台。

7. 建筑物内宽度大于 300mm 的变形缝、沉降缝。

（三）其他

1. 建筑物与构筑物连成一体的，属建筑物部分按上述规定计算。

2. 上述规则适用于地上、地下建筑物的建筑面积计算，如遇有上述未尽事宜，可参照上述规则处理。

二、建筑面积计算案例

（一）单层建筑物建筑面积的计算

【例 4-1】　如图 4-1 所示，求单层建筑物建筑面积（S）。

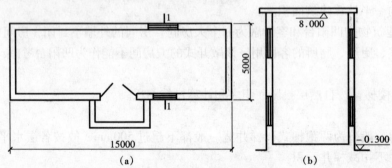

图 4-1　某单层建筑物
（a）平面图；（b）1-1 剖面图

【解】　单层建筑物不论其高度如何，均按一层计算建筑面积。其建筑面积按建筑物外墙勒脚以上结构的外围水平投影面积计算。

$$S = 15 \times 5 = 75 \ (\text{m}^2)$$

【例 4-2】　如图 4-2 所示，求某单层仓库的建筑面积。

【解】　$S = $ 外墙外围的水平投影面积 $= (32 + 0.24) \times (15 + 0.24) = 491.34 \ (\text{m}^2)$

【例 4-3】　如图 4-3 所示，求其建筑面积。

【解】　单层建筑物内设有部分楼层者，首层建筑面积已包括在单层建筑物内，二层及二层以上应计算建筑面积。

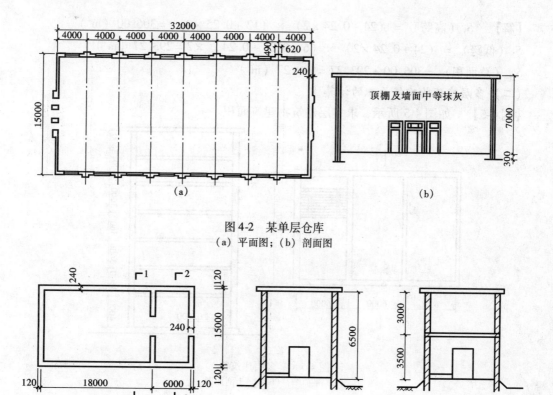

图 4-2　某单层仓库
（a）平面图；（b）剖面图

图 4-3　某单层建筑
（a）平面图；（b）1—1 剖面图；（c）2—2 剖面图

$$S = (18.0 + 6.0 + 0.24) \times (15.0 + 0.24) + (6.0 + 0.24)$$
$$\times (15.0 + 0.24) = 464.52 \ (\mathrm{m}^2)$$

【例 4-4】　如图 4-4 所示，计算高低联跨的单层建筑物的建筑面积。

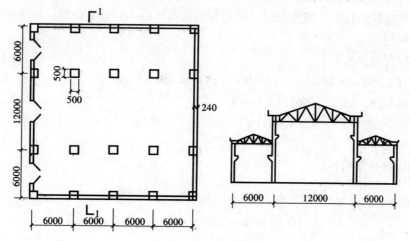

图 4-4　某单层建筑物
（a）平面图；（b）1—1 剖面图

【解】 S_1（高跨）$= (24 + 0.24 \times 2) \times (12 + 0.25 \times 2) = 306.00$（$m^2$）

S_2（低跨）$= (24 + 0.24 \times 2) \times (6 - 0.25 + 0.24) \times 2 = 293.27$（$m^2$）

$S_建$（总面积）$= 306.00 + 293.27 = 599.27$（$m^2$）

（二）多层建筑物建筑面积的计算

【例4-5】 如图4-5所示，求多层建筑物建筑面积。

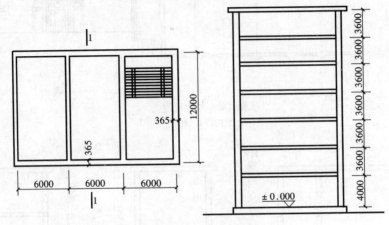

图4-5 某多层建筑物

(a) 平面图；(b) 1—1 剖面图

【解】 $S = (6 \times 3 + 0.245 \times 2) \times (12 + 0.245 \times 2) \times 7 \approx 1616.58$（$m^2$）

（三）同一建筑物结构、层数不同时建筑面积的计算

【例4-6】 如图4-6所示，主楼为框架结构，5层；辅楼为砖混结构，1层。求建筑面积（不计算雨篷面积）。

【解】 同一建筑物如结构、层数不同时，应分别计算建筑面积。

因主楼为框架结构，辅楼为砖混结构，所以应分别计算框架结构部分（S_1）和砖混结构部分（S_2）建筑面积。

在计算多层建筑物的建筑面积时，可根据平面布置的不同分别计算，以便在计算有关工程量时加以利用。

框架结构部分（S_1）：

底层 $= (24.50 + 0.24) \times (11.10 + 0.24) = 280.55$（$m^2$）

二、三层 $= 280.55 \times 2 = 561.10$（$m^2$）

四、五层 $= 280.55 \times 2 = 561.10$（$m^2$）

小计：1402.75m^2

砖混结构部分（S_2）：

$$(9.00 + 0.24) \times (5.00 + 0.24) = 48.42 （m^2）$$

$$(3.50 + 0.24) \times (2.00 - 0.24) = 6.58 （m^2）$$

小计：55.00m^2

$$S = (1402.75 + 55.00) = 1457.75 （m^2）$$

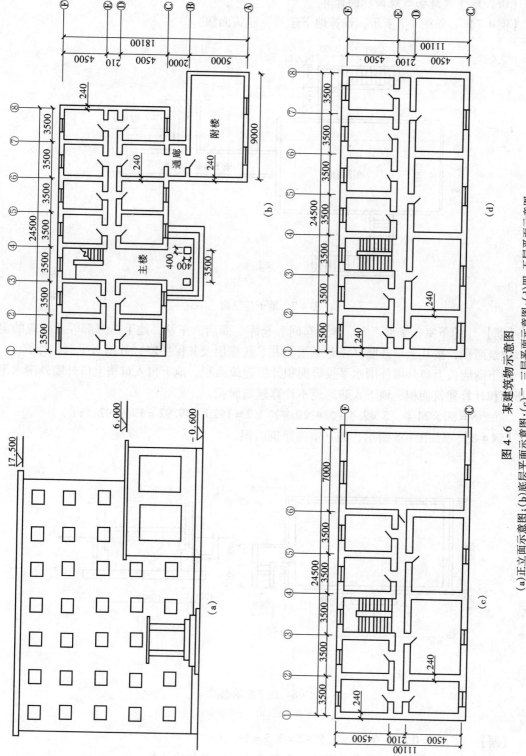

图 4-6　某建筑物示意图

(a)正立面示意图;(b)底层平面示意图;(c)二,三层平面示意图;(d)四,五层平面示意图

71

（四）地下建筑物建筑面积的计算

【例4-7】 如图4-7所示，计算地下建筑物建筑面积。

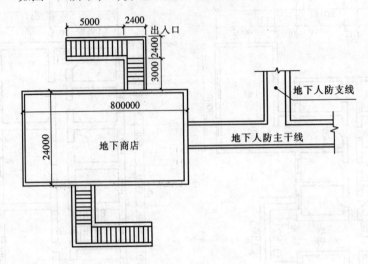

图4-7 地下建筑物

【解】 地下室、半地下室、地下车间、仓库、商店、车站、地下指挥部等及相应的出入口建筑面积，按其上口外墙（不包括采光井、防潮层及其保护墙）外围水平面积计算。

地下商店按上口外墙外围水平投影面积计算建筑面积；地下出入口按上口外墙外围水平投影面积计算建筑面积；地下人防通道不计算建筑面积。

$$S = 80 \times 24 + （5 \times 2.4 + 5.4 \times 2.4）\times 2 = 1920 + 49.92 = 1969.92 （m^2）$$

【例4-8】 如图4-8所示，地下室的建筑面积。

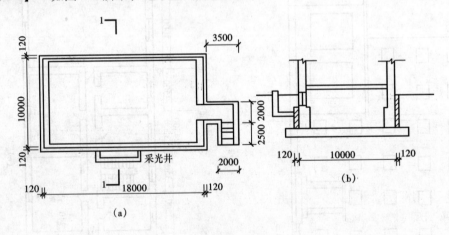

图4-8 地下室示意图

（a）平面图；（b）1—1剖面图

【解】 $S = 18.0 \times 10.0 + 2 \times 2.5 + 2 \times 3.5 = 192 （m^2）$

（五）利用吊脚空间架空层和深基础架空层的建筑面积的计算

【例4-9】 如图4-9所示，求利用吊脚空间设置的架空层（S）建筑面积。

【解】 建于坡地的建筑物利用吊脚空间设置架空层并加以利用时，其层高超过

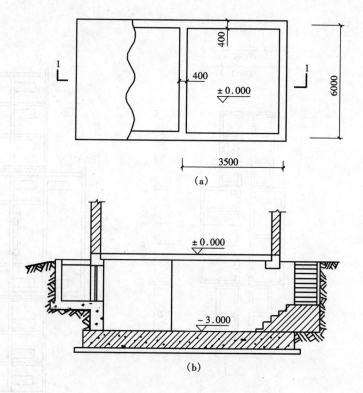

图 4-9　利用吊脚空间示意图

(a) 吊脚平面示意图；(b) 1—1 剖面图

2.20m，按围护结构外围水平面积计算建筑面积。

$$S = (6.00 + 0.40) \times (5.50 + 0.40) = 37.76 \; (m^2)$$

【例 4-10】　如图 4-10 所示，深基础做地下架空层的建筑面积。

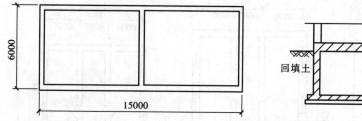

图 4-10　深基础做地下架空层

【解】　用深基础做地下架空层并加以利用，其层高超过 2.2m 的，按围护结构外围水平投影面积计算建筑面积。

$$S = 15.0 \times 6.0 = 90.0 \; (m^2)$$

（六）建筑物内通道、大厅、回廊建筑面积的计算

【例 4-11】　如图 4-11 所示，通道穿过建筑物，计算该工程建筑面积。

【解】　$S = (18.00 + 0.24) \times (8.00 + 0.24) \times 4 - (3.00 - 0.24) \times (8.00 + 0.24)$
$= 601.19 - 22.74 = 578.45 \; (m^2)$

【例 4-12】　如图 4-12 所示，建筑物内门厅的长度为 8270mm，计算该工程建筑面积。

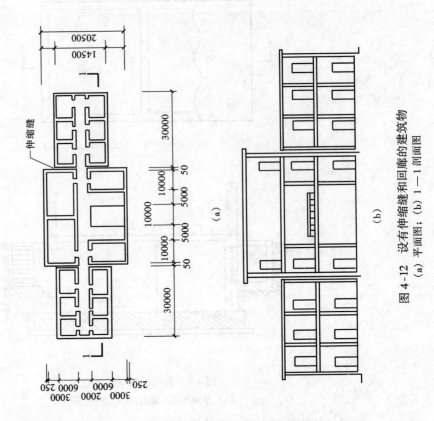

伸缩缝

(a)

(b)

图 4-12 设有伸缩缝和回廊的建筑物
(a) 平面图; (b) 1—1 剖面图

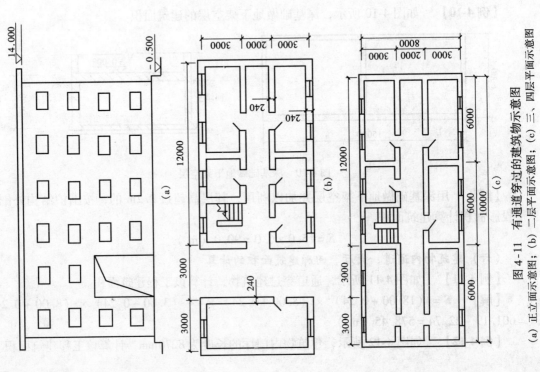

图 4-11 有通道穿过的建筑物示意图
(a) 正立面示意图; (b) 二层平面示意图; (c) 三、四层平面示意图

【解】 建筑物设有伸缩缝时应分层计算建筑面积，并入所在建筑物建筑面积之内。建筑物内门厅、大厅不论其高度如何，均按一层计算建筑面积。门厅、大厅内回廊部分按其水平投影面积计算建筑面积。

$$S = 20.5 \times 40 \times 3 + 30.05 \times 14.5 \times 2 \times 2 - 10.0 \times 8.27$$
$$= 2460 + 1742.9 - 82.7 = 4120.2 \ (\text{m}^2)$$

【例4-13】 某实验楼设有6层大厅带回廊，其平面和剖面示意图如图4-13所示。试计算其大厅和回廊的建筑面积。

【解】 如图4-13所示，计算如下：

大厅部分建筑面积 $12 \times 30 = 360 \ (\text{m}^2)$

回廊部分建筑面积 $(30 - 2.1 + 12 - 2.1) \times 2.1 \times 2 \times 5 = 793.80 \ (\text{m}^2)$

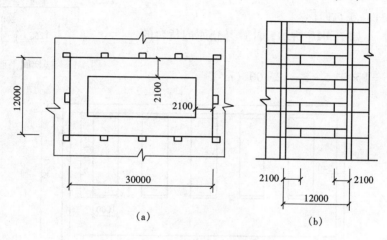

（a）

（b）

图4-13　某实验楼平面和剖面示意图
（a）平面图；（b）剖面图

（七）室内楼梯间、电梯井、垃圾道等建筑面积的计算

【例4-14】 如图4-14所示，室内有电梯井，计算该工程建筑面积。

【解】 电梯井等建筑面积应随同建筑物一起按自然层计算建筑面积。突出屋面的有围护结构的电梯机房（楼梯间、水箱间）等，按围护结构外围水平面积计算建筑面积。

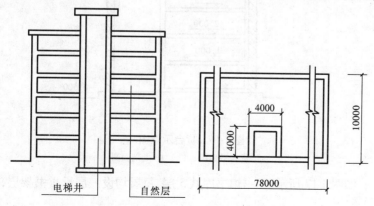

图4-14　设有电梯的某建筑物示意图
（a）剖面图；（b）平面图

$$S = 78 \times 10 \times 6 + 4 \times 4 = 4696.00 \ (\text{m}^2)$$

【例 4-15】 如图 4-15 所示，墙厚为 240mm，计算该楼梯间的建筑面积。

【解】 楼梯间面积 = (1.25 × 2 + 0.20 − 0.24) × (5.0 − 0.12) = 2.46 × 4.88 = 12.00 （m²）

（八）书库、立体仓库建筑面积的计算

书库、仓库的结构层是指承受货物的承重层，往往是建筑的自然层。由于存书堆货受到一定高度限制，因此，常常将两层楼板间再分隔 1 ~ 2 层，作为书架层或货架层，以充分利用空间。计算时，均按其各层的外围水平投影面积计算建筑面积。

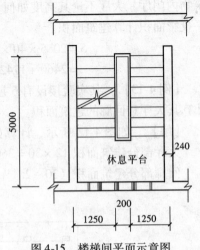

图 4-15 楼梯间平面示意图

【例 4-16】 如图 4-16 所示，计算某仓库内货台的建筑面积。

【解】 $S = 1 \times 5 \times 5 \times 5 = 125.00$ （m²）

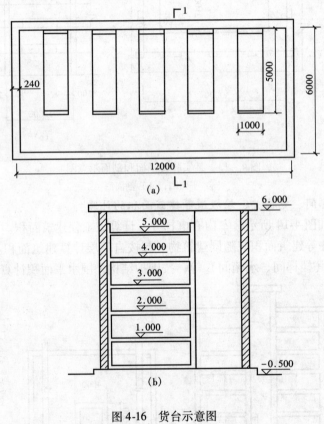

图 4-16 货台示意图
(a) 货台平面图；(b) 1—1 剖面图

【例 4-17】 如图 4-17 所示，图书馆书库共 5 层，每层均设一层承重书架层，计算该工程的建筑面积。

【解】 设书库为 5 层，书架层为 10 层，其建筑面积为：

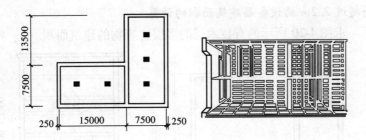

图 4-17　某图书馆书库示意图

$$S = \left[(15.0 + 7.5 + 0.25 \times 2) \times (7.5 + 13.5 + 0.25 \times 2) - 13.5 \times 15.0 \right] \times 10$$
$$= \left[(23.0 \times 21.5) - 202.5 \right] \times 10$$
$$= 2920.0 (\mathrm{m}^2)$$

（九）有围护结构的舞台灯光控制室建筑面积计算

【例 4-18】　如图 4-18 所示，求某舞台灯光控制室建筑面积的工程量。

【解】　有围护结构的舞台灯光控制室，按其围护结构外围水平面积乘以层数计算建筑面积。

$$S_1 = \frac{4.00 + 0.24 + 2.00 + 0.24}{2} \times (4.50 + 0.12) = 3.24 \times 4.62 = 14.97 \ (\mathrm{m}^2)$$

$$S_2 = (2.00 + 0.24) \times (4.50 + 0.12) = 2.24 \times 4.62 = 10.35 \ (\mathrm{m}^2)$$

$$S_3 = (1.00/2) \times (4.50 + 0.12) = 0.5 \times 4.62 = 2.31 \ (\mathrm{m}^2)$$

$$S = 14.97 + 10.35 + 2.31 = 27.63 \ (\mathrm{m}^2)$$

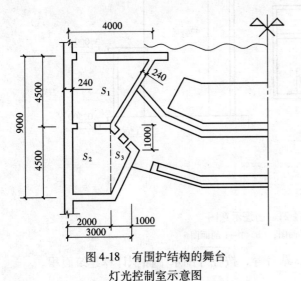

图 4-18　有围护结构的舞台
灯光控制室示意图

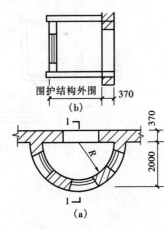

图 4-19　舞台灯光控制室
（a）平面图；（b）1—1 剖面图

【例 4-19】　求如图 4-19 所示的舞台灯光控制室的建筑面积。

【解】　舞台灯光控制室的建筑面积应按其围护结构外围水平投影面积乘以实际层数计算，并计入所依附的建筑物的建筑面积中。

$$S = \frac{3.1416 \times 2 \times 2}{2} = 6.28 \ (\mathrm{m}^2)$$

77

（十）层高超过2.2m的设备层建筑面积的计算

【例4-20】 求图4-20所示的有技术层的多层建筑物的建筑面积。

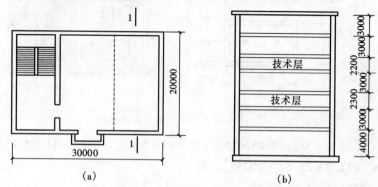

图4-20 有技术层的多层建筑物

（a）平面图；（b）1—1剖面图

【解】 设备管道层又称技术层，主要用来安置通讯电缆、空调通风、冷热管道等，无论是满设或部分设置，只要层高超过2.2m，就应计算建筑面积。如图4-20所示，有技术层的多层建筑物的建筑面积为：

$$S = 30.0 \times 20.0 \times 6 = 3600 \ (m^2)$$

（十一）有柱的雨篷和独立柱雨篷等建筑面积的计算

【例4-21】 如图4-21所示，求有柱雨篷建筑面积。

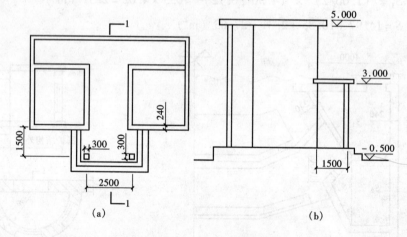

图4-21 雨篷示意图

（a）平面图；（b）1—1剖面图

【解】 有柱的雨篷、车棚、货棚、站台等，按柱外围水平面积计算建筑面积。

有柱雨篷建筑面积计算如下：

$$S = (2.50 + 0.30) \times (1.50 + 0.15 - 0.12) = 4.28 \ (m^2)$$

【例4-22】 如图4-22所示，求有柱站台建筑面积。

【解】 $S = (20.00 + 0.30) \times (4.00 + 0.15 - 0.12) = 81.81 \ (m^2)$

【例4-23】 如图4-23所示，计算有柱雨篷建筑面积。

78

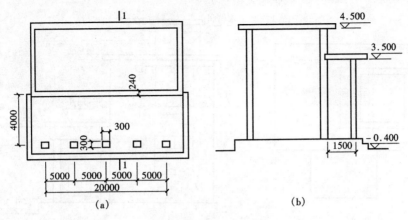

图 4-22　站台平面示意图

(a) 平面图；(b) 1—1 剖面图

【解】　图 4 – 23a 雨篷建筑面积 $= 1.50 \times 2.0 = 3.00$（m^2）

图 4 – 23b 雨篷建筑面积 $= 1.45 \times 2.10 = 3.05$（$m^2$）

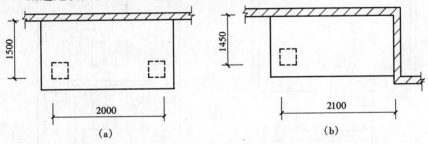

图 4-23　有柱雨篷平面示意图

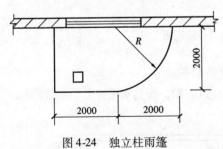

图 4-24　独立柱雨篷

【例 4-24】　如图 4-24 所示，求独立柱雨篷的建筑面积。

【解】　独立柱的雨篷按顶盖的水平投影面积的一半计算建筑面积。图 4-24 中独立柱雨篷的建筑面积为：

$$S = （2.0 \times 2.0 + 2.0 \times 2.0 \times 3.1416/4）\times 0.5$$
$$= 3.57 （m^2）$$

（十二）屋面上部有围护结构的楼梯间等建筑面积的计算

【例 4-25】　如图 4-25 所示，求屋面水箱间建筑面积。

【解】　屋面上部有围护结构的楼梯间、水箱间、电梯机房等，按围护结构外围水平面积计算建筑面积。

$$S = 2.50 \times 2.50 = 6.25 （m^2）$$

（十三）室外有围护结构的门斗、阳台等建筑面积的计算

【例 4-26】　如图 4-26 所示，求室外有围护结构的门斗建筑面积。

【解】　建筑物外有围护结构的门斗、眺望间、观望电梯间、阳台、橱窗、挑廊、走廊等，按其围护结构外围水平面积计算建筑面积。

$$S = 3.50 \times 2.50 = 8.75 （m^2）$$

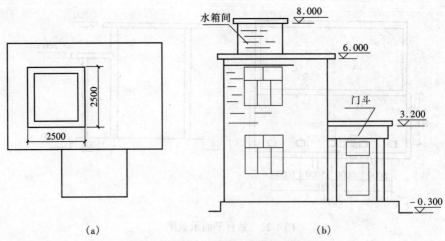

（a）   （b）

图 4-25 屋面上有围护结构的水箱间

（a）水箱间平面示意图；（b）侧立面示意图

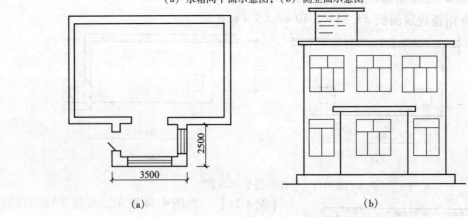

（a）   （b）

图 4-26 建筑物外有围护结构的门斗示意图

（a）底层平面示意图；（b）正立面示意图

【例 4-27】 如图 4-27 所示，计算封闭式阳台的建筑面积。

【解】 封闭式的挑阳台、凹阳台、半凹半挑阳台的建筑面积，按其水平投影面积计算。

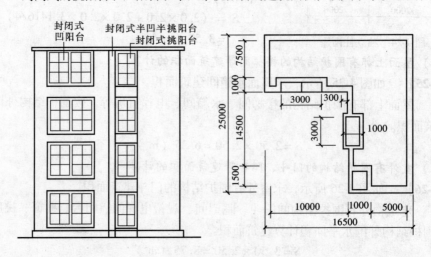

图 4-27 封闭阳台

$$S = （3 \times 1 + 3 \times 1 + 1.5 \times 1）\times 4 = 30.00（m^2）$$

（十四）室外无围护结构的走廊、檐廊、阳台、架空通廊建筑面积的计算

【例4-28】 如图4-28所示，求有盖和柱的走廊和檐廊的建筑面积。

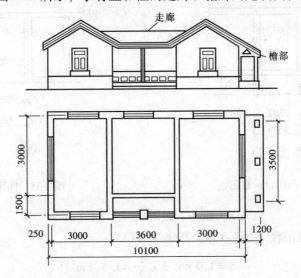

图4-28　有柱和盖的走廊和檐廊

【解】 有顶盖和柱的走廊、檐廊建筑面积是按柱的外边线水平面积计算：

$$S = [10.1 \times （1.5 + 3.0 + 0.25 \times 2）- 1.5 \times （3.6 - 0.25 \times 2）$$
$$+ 1.2 \times 3.5 + 1.5 \times （3.6 - 0.25 \times 2）] = 50.5 - 4.65 + 4.2 + 4.65$$
$$= 54.7（m^2）$$

【例4-29】 如图4-29所示，求无柱有盖檐廊建筑面积。

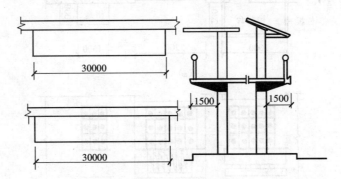

图4-29　无柱的走廊和檐廊

【解】 无柱的走廊、檐廊的建筑面积按其投影面积的一半计算。

$$S_{（走廊）} = 30.0 \times 1.5 \times \frac{1}{2} = 22.5（m^2）$$

$$S_{（檐廊）} = 30.0 \times 1.5 \times \frac{1}{2} = 22.5（m^2）$$

【例4-30】 如图4-30～图4-32所示，均为未封闭阳台，计算其建筑面积。

【解】 无围护结构的凹阳台、挑阳台，按其水平面积一半计算建筑面积。

81

（1）未封闭式凸阳台（图 4-30），其建筑面积为：
$$S = 3.54 \times 1.2 \times 0.5 = 2.12 \ (\text{m}^2)$$
（2）未封闭式凹阳台（图 4-31），其建筑面积为：

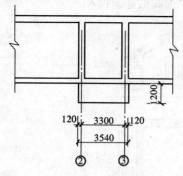

图 4-30　凸阳台示意图

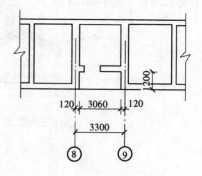

图 4-31　凹阳台平面图

$$S = 3.06 \times 1.2 \times 0.5 = 1.84 \ (\text{m}^2)$$
（3）未封闭式挑阳台（图 4-32），其建筑面积为：
$$S = 3.0 \times 1.2 \times \frac{1}{2} = 1.8 \ (\text{m}^2)$$
（4）未封闭式凹阳台（图 4-32）按其净空面积（包括栏板）的一半计算建筑面积。
$$S = 3.2 \times 1.2 \times \frac{1}{2} = 1.92 \ (\text{m}^2)$$

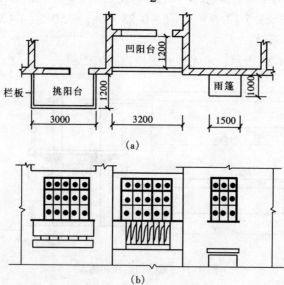

图 4-32　未封闭式凹、挑阳台
（a）平面图；（b）立面图

【例 4-31】　如图 4-33 所示，计算建筑物间架空通廊的建筑面积。
【解】　（1）有顶盖的架空通廊建筑面积为：
$$S = 通廊水平投影面积 = 15.0 \times 2.4 = 36 \ (\text{m}^2)$$

（2）当本例的架空通廊无顶盖时，其建筑面积为：

$$S = 通廊水平投影面积 \times \frac{1}{2} = 15.0 \times 2.4 \times \frac{1}{2} = 18 \ （m^2）$$

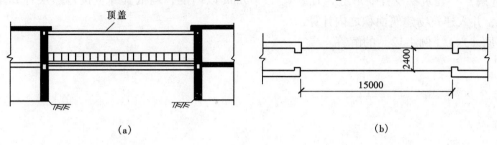

图 4 – 33　建筑物间架空通廊

(a) 剖图；(b) 平面图

（十五）室外楼梯建筑面积的计算

【例 4-32】　图 4-34 为无围护结构的室外楼梯，图 4-35 为有围护结构的室外楼梯，分别计算其建筑面积。

【解】　建筑物的室外楼梯，不管其有无围护结构，均按自然层投影面积之和计算建筑面积。

（1）图 4-34 室外楼梯的建筑面积为：

$$S = 2.4 \times （1.5 + 2.7 + 1.5） = 13.68 \ （m^2）$$

（2）图 4-35 室外楼梯的建筑面积为：

$$S = [（4.5 + 1.5） \times 2.5 + 2.5 \times 1.5 + 1.5 \times 3.0] = 23.25（m^2）$$

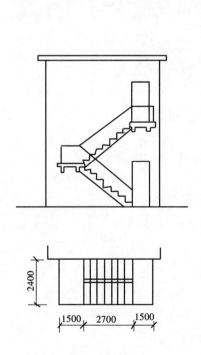

图 4-34　无围护结构的室外楼梯

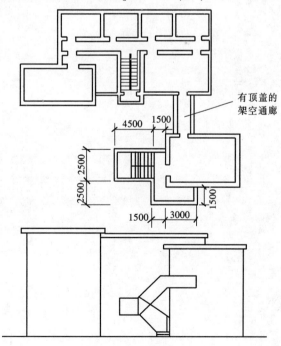

图 4-35　有围护结构的室外楼梯

（十六）建筑物设有变形缝建筑面积的计算

【例 4-33】 见（六）[例 4-12]。

【解】 建筑物设置变形缝，凡缝宽在 300mm 以内的，均依其缝宽按自然层计算建筑面积，并入建筑物建筑面积之内计算。

见（六）[例 4-12] 的解答。

第五章 定额工程量的计算方法

第一节 楼地面工程

《全统装饰定额》规定：本定额与《全统基础定额》相同的项目，均以本定额项目为准；本定额未列项目，则按《全统基础定额》相应项目执行。这些项目包括：垫层，水泥砂浆和细石混凝土找平层，水泥砂浆整体面层（包括楼地面、楼梯、台阶、踢脚板、明沟、散水等）。

一、楼地面工程定额说明

第一部分：按《全统基础定额》执行的项目

按《全统基础定额》执行的项目，其定额说明如下：

（一）本章水泥砂浆、水泥石子浆、混凝土等的配合比，如设计规定与定额不同时，可以换算。

（二）整体面层、块料面层中的楼地面项目，均不包括踢脚板工料；楼梯不包括踢脚板、侧面及板底抹灰，另按相应定额项目计算。

（三）踢脚板高度是按 150mm 编制的。超过时材料用量可以调整，人工、机械用量不变。

（四）菱苦土地面、现浇水磨石定额项目已包括酸洗打蜡工料，其余项目均不包括酸洗打蜡。

（五）扶手、栏杆、栏板适用于楼梯、走廊、回廊及其他装饰性栏杆、栏板。扶手不包括弯头制安，另按弯头单项定额计算。

（六）台阶不包括牵边、侧面装饰。

（七）定额中的"零星装饰"项目，适用于小便池、蹲位、池槽等。本定额未列的项目，可按墙、柱面中相应项目计算。

（八）木地板中的硬、杉、松木板，是按毛料厚度 25mm 编制的，设计厚度与定额厚度不同时，可以换算。

（九）地面伸缩缝按第九章相应项目及规定计算。

（十）碎石、砾石灌沥青垫层按第十章相应项目计算。

（十一）钢筋混凝土垫层按混凝土垫层项目执行，其钢筋部分按本章相应项目及规定计算。

（十二）各种明沟平均净空断面（深×宽）均是按 190mm × 260mm 计算的，断面不同时允许换算。

第二部分：按《全统装饰定额》执行的项目

按《全统装饰定额》执行的项目，其定额说明如下：

（一）同一铺贴面上有不同种类、材质的材料，应分别执行相应定额子目。

（二）扶手、栏杆、栏板适用于楼梯、走廊、回廊及其他装饰性栏杆、栏板。

（三）零星项目面层适用于楼梯侧面、台阶的牵边、小便池、蹲便台、池槽在 $1m^2$ 以内且定额未列项目的工程。

（四）木地板填充材料，按照《全统基础定额》相应子目执行。

（五）大理石、花岗岩楼地面拼花按成品考虑。

（六）镶贴面积小于 $0.015m^2$ 的石材执行点缀定额。

二、楼地面工程工程量计算规则

第一部分：按《全统基础定额》执行的项目

按《全统基础定额》执行的项目，其工程量计算规则如下：

（一）地面垫层按室内主墙间净空面积乘以设计厚度以立方米计算。应扣除凸出地面的构筑物、设备基础、室内管道、地沟等所占体积，不扣除柱、垛、间壁墙、附墙烟囱及面积在 $0.3m^2$ 以内孔洞所占体积。

（二）整体面层、找平层均按主墙间净空面积以平方米计算。应扣除凸出地面构筑物、设备基础、室内管道、地沟等所占面积，不扣除柱、垛、间壁墙、附墙烟囱及面积在 $0.3m^2$ 以内的孔洞所占面积，但门洞、空圈、暖气包槽、壁龛的开口部分亦不增加。

（三）块料面层，按图示尺寸实铺面积以平方米计算，门洞、空圈、暖气包槽和壁龛的开口部分的工程量并入相应的面层内计算。

（四）楼梯面层（包括踏步、平台以及小于 500mm 宽的楼梯井）按水平投影面积计算。

（五）台阶面层（包括踏步及最上一层踏步沿 300mm）按水平投影面积计算。

（六）其他：

1. 踢脚板按延长米计算，洞口、空圈长度不予扣除，洞口、空圈、垛、附墙烟囱等侧壁长度亦不增加。

2. 散水、防滑坡道按图示尺寸以平方米计算。

3. 栏杆、扶手包括弯头长度按延长米计算。

4. 防滑条按楼梯踏步两端距离减 300mm 以延长米计算。

5. 明沟按图示尺寸以延长米计算。

第二部分：按《全统装饰定额》执行的项目

按《全统装饰定额》执行的项目，其工程量计算规则如下：

（一）楼地面装饰面积按饰面的净面积计算，不扣除 $0.1m^2$ 以内的孔洞所占面积；拼花部分按实贴面积计算。

（二）楼梯面积（包括踏步、休息平台以及小于 50mm 宽的楼梯井）按水平投影面积计算。

（三）台阶面层（包括踏步以及上一层踏步沿 300mm）按水平投影面积计算。

（四）踢脚线按实贴长乘高以平方米计算，成品踢脚线按实贴延长米计算；楼梯踢脚线按相应定额乘以 1.15 系数。

（五）点缀按个计算，计算主体铺贴地面面积时，不扣除定额所占面积。

（六）零星项目按实铺面积计算。

（七）栏杆、栏板、扶手均按其中心线长度以延长米计算,计算扶手时不扣除弯头所占长度。

（八）弯头按个计算。

（九）石材底面刷养护液按底面面积加 4 个侧面面积,以平方米计算。

三、楼地面工程工程量计算案例

【例 5-1】　如图 5-1 所示,求毛石灌浆垫层工程量（做毛石灌 M2.5 混合砂浆,厚 180mm,素土夯实）。

【解】　工程量 $= (8.40 - 0.12 \times 2) \times (3.6 \times 3 - 0.12 \times 2) \times 0.18 \approx 15.51 (\text{m}^3)$

注:也可用已计算出的整体面层平方米工程量乘设计厚度。

套用基础定额: 8 - 7

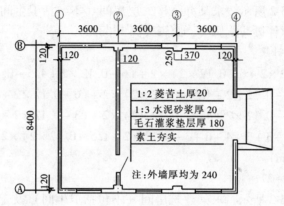

图 5-1　某工具室平面示意图

【例 5-2】　如图 5-2 所示,求某办公楼二层房间（不包括卫生间）及走廊地面整体面层工程量（做法:1: 2.5 水泥砂浆面层厚 25mm,素水泥浆一道;C20 细石混凝土找平层厚 40mm;水泥砂浆踢脚线高 150mm）。

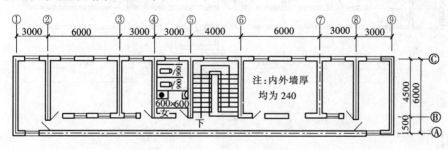

图 5-2　某办公楼二层示意图

【解】　按轴线序号排列进行计算:

工程量 $= (3 - 0.12 \times 2) \times (6 - 0.12 \times 2) + (6 - 0.12 \times 2) \times (4.5 - 0.12 \times 2)$

$\qquad + (3 - 0.12 \times 2) \times (4.5 - 0.12 \times 2) + (6 - 0.12 \times 2) \times (4.5 - 0.12 \times 2)$

$\qquad + (3 - 0.12 \times 2) \times (4.5 - 0.12 \times 2) + (3 - 0.12 \times 2) \times (6 - 0.12 \times 2) + (6$

$\qquad + 3 + 3 + 4 + 6 + 3 - 0.12 \times 2) \times (1.5 - 0.12 \times 2) = 135.58 (\text{m}^2)$

套用基础定额: 8 - 23; 8 - 20

【例5-3】 如图5-2所示，求某办公楼二层房间（不包括卫生间）及走廊地面找平层工程量（做法：C20细石混凝土找平层厚40mm）。

【解】 按轴线序号排列进行计算：

工程量 $= (3 - 0.12 \times 2) \times (6 - 0.12 \times 2) + (6 - 0.12 \times 2) \times (4.5 - 0.12 \times 2)$
$+ (3 - 0.12 \times 2) \times (4.5 - 0.12 \times 2) + (6 - 0.12 \times 2) \times (4.5 - 0.12 \times 2)$
$+ (3 - 0.12 \times 2) \times (4.5 - 0.12 \times 2) + (3 - 0.12 \times 2) \times (6 - 0.12 \times 2)$
$+ 6 + 3 + 3 + 4 + 6 \times (3 - 0.12 \times 2) \times (1.5 - 0.12 \times 2) = 135.58 (\text{m}^2)$

注：（1）整体面层下做找平层时，找平层工程量与整体面层工程量相等。

（2）垫层的设计厚度与定额子目厚度不同时可以做调整。砂浆配比不同时，可以做调整。

套用基础定额；8 − 21；（8 − 22）×2

【例5-4】 如图5-2所示，求某办公楼二层房间（不包括卫生间）及走廊水泥砂浆踢脚线工程量（做法：水泥砂浆踢脚线，踢脚线高150mm）。

【解】 按延长米计算：

工程量 $= (3 - 0.12 \times 2 + 6 - 0.12 \times 2) \times 2 + (6 - 0.12 \times 2 + 4.5 - 0.12 \times 2)$
$\times 2 + (3 - 0.12 \times 2 + 4.5 - 0.12 \times 2) \times 2 + (6 - 0.12 \times 2 + 4.5 - 0.12 \times 2)$
$\times 2 + (3 - 0.12 \times 2 + 4.5 - 0.12 \times 2) \times 2 + (3 - 0.12 \times 2 + 6 - 0.12 \times 2)$
$\times 2 + (6 + 3 + 3 + 4 + 6 + 3 - 0.12 \times 2 + 1.5 - 0.12 \times 2) \times 2 - 4$

$= 150.28 (\text{m})$

套用基础定额：8 − 27

【例5-5】 如图5-3所示，求某建筑房间（不包括卫生间）及走廊地面铺贴复合木地板面层工程量。

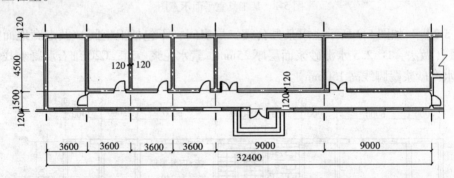

图5-3 某建筑平面示意图

【解】

工程量 $= (6 - 0.12 \times 2) \times (3.6 - 0.12 \times 2) + (4.5 - 0.12 \times 2) \times (3.6 - 0.12 \times 2) \times 3$
$+ (4.5 - 0.12 \times 2) \times (9 - 0.12 \times 2) \times 2 + (1.5 - 0.12 \times 2) \times (32.4 - 3.6 - 0.12 \times 2)$
$+ 0.9 \times 0.24 \times 5 + 1.5 \times 0.24 \times 3$

$= 5.76 \times 3.36 + 4.26 \times 3.36 \times 3 + 4.26 \times 8.76 \times 2 + 1.26 \times 28.56 + 2.16$

$= 175.08 (\text{m}^2)$

套用装饰定额：1 − 147

第二节 墙、柱面工程

一、墙、柱面定额说明

（一）本章定额凡注明砂浆种类、配合比、饰面材料及型材的型号规格与设计不同时，可按设计规定调整，但人工、机械消耗量不变。

（二）抹灰砂浆厚度，如设计与定额取定不同时，除定额有注明厚度的项目可以换算外，其他一律不作调整，见表5-1。

表5-1 抹灰砂浆定额厚度取定表

定额编号	项 目		砂 浆	厚度（mm）
2－001	水刷豆石	砖、混凝土墙面	水泥砂浆 1：3	12
			水泥豆石浆 1：1.25	12
2－002		毛石墙面	水泥砂浆 1：3	18
			水泥豆石浆 1：1.25	12
2－005	水刷白石子	砖、混凝土墙面	水泥砂浆 1：3	12
			水泥豆石浆 1：1.25	10
2－006		毛石墙面	水泥砂浆 1：3	20
			水泥豆石浆 1：1.25	10
2－009	水刷玻璃渣	砖、混凝土墙面	水泥砂浆 1：3	12
			水泥玻璃渣浆 1：1.25	12
2－010		毛石墙面	水泥砂浆 1：3	18
			水泥玻璃渣浆 1：1.25	12
2－013	干粘白石子	砖、混凝土墙面	水泥砂浆 1：3	18
2－014		毛石墙面	水泥砂浆 1：3	30
2－017	干粘玻璃渣	砖、混凝土墙面	水泥砂浆 1：3	18
2－018		毛石墙面	水泥砂浆 1：3	30
2－021	斩假石	砖、混凝土墙面	水泥砂浆 1：3	12
			水泥白石子浆 1：1.5	10
2－022		毛石墙面	水泥砂浆 1：3	18
			水泥白石子浆 1：1.5	10
2－025	墙柱面拉条	砖墙面	混合砂浆 1：0.5：2	14
			混合砂浆 1：0.5：1	10
2－026	墙柱面拉条	混凝土墙面	水泥砂浆 1：3	14
			混合砂浆 1：0.5：1	10
2－027	墙柱面甩毛	砖墙面	混合砂浆 1：1：6	12
			混合砂浆 1：1：4	6
2－028		混凝土墙面	水泥砂浆 1：3	10
			水泥砂浆 1：2.5	6

注：1. 每增减一遍水泥浆或107胶素水泥浆，每平方米增减人工0.01工日，素水泥浆或107胶素水泥浆0.0012m³。

2. 每增减1mm厚砂浆，每平方米增减砂浆0.0012m³。

（三）圆弧形、锯齿形等不规则墙面抹灰，镶贴块料按相应项目人工乘以系数1.15，材料乘以系数1.05。

（四）离缝镶贴面砖定额子目，面砖消耗量分别按缝宽5mm、10mm和20mm考虑，如灰缝不同或灰缝超过20mm以上者，其块料及灰缝材料（水泥砂浆1：1）用量允许调整，其他不变。

（五）镶贴块料和装饰抹灰的"零星项目"适用于挑檐、天沟、腰线、窗台线、门窗套、压顶、扶手、雨篷周边等。

（六）木龙骨基层是按双向计算的，如设计为单向时，材料、人工用量乘以系数 0.55。

（七）定额木材种类除注明者外，均以一、二类木种为准，如采用三、四类木种时，人工及机械乘以系数 1.3。

（八）面层、隔墙（间壁）、隔断（护壁）定额内，除注明者外均未包括压条、收边、装饰线（板），如设计要求时，应按第六章相应子目执行。

（九）面层、木基层均未包括刷防火涂料，如设计要求时，应按本章相应子目执行。

（十）玻璃幕墙设计有平开、推拉窗者，仍执行幕墙定额，窗型材、窗五金相应增加，其他不变。

（十一）玻璃幕墙中的玻璃按成品玻璃考虑，幕墙中的避雷装置、防火隔离层定额已综合，但幕墙的封边、封顶的费用另行计算。

（十二）隔墙（间壁）、隔断（护壁）、幕墙等定额中龙骨间距、规格如与设计不同时，定额用量允许调整。

二、墙、柱面工程量计算规则

（一）外墙面装饰抹灰面积，按垂直投影面积计算，扣除门窗洞口和 0.3m² 以上的孔洞所占的面积，门窗洞口及孔洞侧壁面积亦不增加。附墙柱侧面抹灰面积并入外墙抹灰面积工程量内。

（二）柱抹灰按结构断面周长乘以高度计算。

（三）女儿墙（包括泛水、挑砖）、阳台栏板（不扣除花格所占孔洞面积）内侧抹灰按垂直投影面积乘以系数 1.10，带压顶者乘系数 1.30 按墙面定额执行。

（四）"零星项目"按设计图示尺寸以展开面积计算。

（五）墙面贴块料面层，按实贴面积计算。

（六）墙面贴块料、饰面高度在 300mm 以内者，按踢脚板定额执行。

（七）柱饰面面积按外围饰面尺寸乘以高度计算。

（八）挂贴大理石、花岗岩中其他零星项目的花岗岩、大理石是按成品考虑的，花岗岩、大理石柱墩、柱帽按最大外径周长计算。

（九）除定额已列有柱帽、柱墩的项目外，其他项目的柱帽、柱墩工程量按设计图示尺寸以展开面积计算，并入相应柱面积内，每个柱帽或柱墩另增人工：抹灰 0.25 工日，块料 0.38 工日，饰面 0.5 工日。

（十）隔断按墙的净长乘净高计算，扣除门窗洞口及 0.3m² 以上的孔洞所占面积。

（十一）全玻隔断的不锈钢边框工程量按边框展开面积计算。

（十二）全玻隔断、全玻幕墙如有加强肋者，工程量按其展开面积计算；玻璃幕墙、铝板幕墙以框外围面积计算。

（十三）装饰抹灰分格、嵌缝按装饰抹灰面积计算。

三、墙、柱面工程工程量计算案例

【例 5-6】 某房屋如图 5-4 所示，外墙为混凝土墙面，设计为水刷白石子（12mm 厚水泥砂浆 1：3，10mm 厚水泥白石子浆 1：1.5)，计算所需工程量。

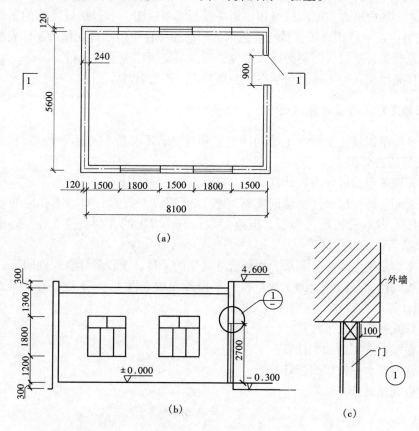

图 5-4　某房屋示意图

（a）平面图；（b）1—1 剖面图；（c）详图

【解】　外墙水刷白石子工程量如下：

$(8.1+0.12\times2+5.6+0.12\times2)\times2\times(4.6+0.3)-1.8\times1.8\times4-0.9\times2.7=123.57(\text{m}^2)$

套用装饰定额：2-005

第三节　天　棚　工　程

一、天棚工程定额说明

（一）本定额除部分项目为龙骨、基层、面层合并列项外，其余均为顶棚龙骨、基层、面层分别列项编制。

（二）本定额龙骨的种类、间距、规格和基层、面层材料的型号、规格是按常用材料和常用做法考虑的，如设计要求不同时，材料可以调整，但人工、机械不变。

（三）顶棚面层在同一标高者为平面顶棚，顶棚面层不在同一标高者为跌级顶棚（跌级顶棚其面层人工乘系数 1.1）。

（四）轻钢龙骨、铝合金龙骨定额中为双层结构（即中、小龙骨紧贴大龙骨底面吊挂），如为单层结构时（大、中龙骨底面在同一水平上），人工乘0.85系数。

（五）本定额中平面顶棚和跌级顶棚指一般直线型顶棚，不包括灯光槽的制作安装。灯光槽制作安装应按本章相应子目执行。艺术造型顶棚项目中包括灯光槽的制作安装。

（六）龙骨架、基层、面层的防火处理，应按本定额相应子目执行。

（七）顶棚检查孔的工料已包括在定额项目内，不另计算。

二、天棚工程工程量计算规则

（一）各种吊顶顶棚龙骨按主墙间净空面积计算，不扣除间壁墙、检查洞、附墙烟囱、柱、垛和管道所占面积。

（二）天棚基层按展开面积计算。

（三）天棚装饰面层，按主墙间实钉（胶）面积以平方米计算，不扣除间壁墙、检查洞、附墙烟囱、垛和管道所占面积，但应扣除0.3m² 以上的孔洞、独立柱、灯槽及与天棚相连的窗帘盒所占的面积。

（四）本章定额中龙骨、基层、面层合并列项的子目，工程量计算规则同第一条。

（五）板式楼梯底面的装饰工程量按水平投影面积乘以1.15系数计算，梁式楼梯底面按展开面积计算。

（六）灯光槽按延长米计算。

（七）保温层按实铺面积计算。

（八）网架按水平投影面积计算。

（九）嵌缝按延长米计算。

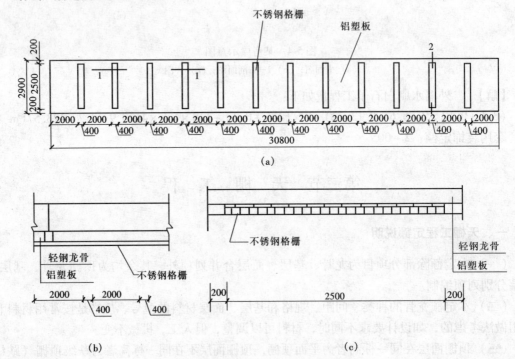

图5-5 某办公楼楼层走廊吊顶平面布置

（a）走廊吊顶平面图；（b）1—1剖面；（c）2—2剖面

92

三、天棚工程工程量计算案例

【例 5-7】   如图 5-5 所示，某办公楼楼层走廊吊顶平面布置图，计算吊顶所需工程量。

【解】   （1）轻钢龙骨工程量：$30.8 \times 2.9 = 89.32$（m^2）

套用装饰定额：3 - 025

（2）面层嵌入式不锈钢格栅工程量：$0.4 \times 2.5 \times 12 = 12$（$m^2$）

套用装饰定额：3 - 140

（3）面层铝合金穿孔面板工程量：$30.8 \times 2.9 - 0.4 \times 2.5 \times 12 = 77.32$（$m^2$）

套用装饰定额：3 - 112

第四节   门 窗 工 程

一、门窗工程定额说明

（一）铝合金门窗制作、安装项目不分现场或施工企业附属加工厂制作，均执行本定额。

（二）铝合金地弹门制作型材（框料）按 101.6mm × 44.5mm、厚 1.5mm 方管制定，单扇平开门、双扇平开窗按 38 系列制定，推拉窗按 90 系列（厚 1.5mm）制定。如实际采用的型材断面及厚度与定额取定规格不符者，可按图示尺寸乘以密度加 6% 的施工耗损计算型材重量。

（三）装饰板门扇制作安装按木龙骨、基层、饰面板面层分别计算。

（四）成品门窗安装项目中，门窗附件按包含在成品门窗单价内考虑；铝合金门窗制作、安装项目中未含五金配件，五金配件按本章附表选用。

二、门窗工程工程量计算规则

（一）铝合金门窗、彩板组角门窗、塑钢门窗安装均按洞口面积以平方米计算。纱扇制作安装按扇外围面积计算。

（二）卷闸门安装按其安装高度乘以门的实际宽度以平方米计算。安装高度算至滚筒顶点为准。带卷闸罩的按展开面积增加。电动装置安装以套计算，小门安装以个计算，小门面积不扣除。

（三）防盗门、防盗窗、不锈钢格栅门按框外围面积以平方米计算。

（四）成品防火门以框外围面积计算，防火卷帘门从地（楼）面算至端板顶点乘以设计宽度。

（五）实木门框制作安装以延长米计算。实木门扇制作安装及装饰门扇制作按扇外围面积计算。装饰门扇及成品门扇安装按扇计算。

（六）木门扇皮制隔声面层和装饰板隔声面层，按单面面积计算。

（七）不锈钢板包门框、门窗套、花岗岩门套、门窗筒子板按展开面积计算。门窗贴脸、窗帘盒、窗帘轨按延长米计算。

（八）窗台板按实铺面积计算。

（九）电子感应门及转门按定额尺寸以樘计算。

（十）不锈钢电动伸缩门以樘计算。

三、门窗工程工程量计算案例

【例5-8】 某车间安装塑钢门窗如图5-6所示，门洞口尺寸为1800mm×2400mm，窗洞口尺寸为1500mm×2100mm，不带纱扇，计算其门窗安装需用量。

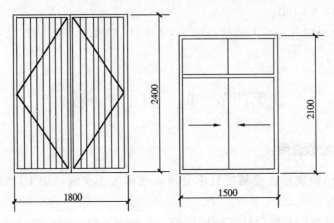

图5-6 塑钢门窗

【解】 塑钢门：$1.800 \times 2.400 = 4.32$（$m^2$）套用装饰定额：4－044

塑钢窗：$1.500 \times 2.100 = 3.15$（$m^2$）套用装饰定额：4－045

第五节 油漆、涂料、裱糊工程

一、油漆、涂料、裱糊工程定额说明

（一）本定额刷涂、刷油采用手工操作；喷塑、喷涂采用机械操作。操作方法不同时，不予调整。

（二）油漆浅、中、深各种颜色，已综合在定额内，颜色不同，不另调整。

（三）本定额在同一平面上的分色及门窗内外分色已综合考虑。如需做美术图案者，另行计算。

（四）定额内规定的喷、涂、刷遍数与要求不同时，可按每增加一遍定额项目进行调整。

（五）喷塑（一塑三油）、底油、装饰漆、面油，其规格划分如下：

1. 大压花：喷点压平、点面积在$1.2cm^2$以上。

2. 中压花：喷点压平、点面积在$1 \sim 1.2cm^2$。

3. 喷中点、幼点：喷点面积在$1cm^2$以下。

（六）定额中的双层木门窗（单裁口）是指双层框扇。三层二玻一纱窗是指双层框三层扇。

（七）定额中的单层木门刷油是按双面刷油考虑的，如采用单面刷油，其定额含量乘以0.49系数计算。

（八）定额中的木扶手油漆为不带托板考虑。

二、油漆、涂料、裱糊工程工程量计算规则

（一）楼地面、天棚、墙、柱、梁面的喷（刷）涂料、抹灰面油漆及裱糊工程，均按表5-2～表5-6相应的计算规则计算。

（二）木材面的工程量分别按表5-2～表5-6相应的计算规则计算。

（三）金属构件油漆的工程量按构件重量计算。

（四）定额中的隔断、护壁、柱、天棚木龙骨及木地板中木龙骨带毛地板，刷防火涂料工程量计算规则如下：

1. 隔墙、护壁木龙骨按面层正立面投影面积计算。

2. 柱木龙骨按其面层外围面积计算。

3. 天棚木龙骨按其水平投影面积计算。

4. 木地板中木龙骨及木龙骨带毛地板按地板面积计算。

5. 隔墙、护壁、柱、天棚面层及木地板刷防火涂料，执行其他木材刷防火涂料子目。

6. 木楼梯（不包括底面）油漆，按水平投影面积乘以2.3系数，执行木地板相应子目。

表5-2　执行木门定额工程量乘系数

项 目 名 称	系 数	工 程 量 计 算 方 法
单层木门	1.00	按单面洞口面积计算
双层（一玻一纱）木门	1.36	
双层（单裁口）木门	2.00	
单层全玻门	0.83	
木百叶门	1.25	

注：本表为木材面油漆。

表5-3　执行木窗定额工程量系数表

项 目 名 称	系 数	工 程 量 计 算 方 法
单层玻璃窗	1.00	按单面洞口面积计算
双层（一玻一纱）木窗	1.36	
双层框扇（单裁口）木窗	2.00	
双层框三层（二玻一纱）木窗	2.60	
单层组合窗	0.83	
双层组合窗	1.13	
木百叶窗	1.50	

注：本表为木材面油漆。

表 5-4　执行木扶手定额工程量系数表

项 目 名 称	系 数	工 程 量 计 算 方 法
木扶手（不带托板）	1.00	
木扶手（带托板）	2.60	
窗帘盒	2.04	按延长米计算
封檐板、顺水板	1.74	
挂衣板、黑板框、单独木线条 100mm 以外	0.52	
挂镜线、窗帘棍、单独木线条 100mm 以内	0.35	

注：本表为木材面油漆。

表 5-5　执行其他木材面定额工程量系数表

项 目 名 称	系 数	工 程 量 计 算 方 法
木板、纤维板、胶合板天棚	1.00	
木护墙、木墙裙	1.00	
窗帘板、筒子板、盖板、门窗套、踢脚线	1.00	
清水板条天棚、檐口	1.07	长×宽
木方格吊顶天棚	1.20	
吸声板墙面、天棚面	0.87	
暖气罩	1.28	
木间壁、木隔断	1.90	
玻璃间壁露明墙筋	1.65	单面外圈面积
木栅栏、木栏杆（带扶手）	1.82	
衣柜、壁柜	1.00	按实刷展开面积
零星木装修	1.10	展开面积
梁柱饰面	1.00	展开面积

注：本表为木材面油漆。

图 5-6　抹灰面油漆、涂料、裱糊工程量系数表

项 目 名 称	系 数	工 程 量 计 算 方 法
混凝土楼梯底（板式）	1.15	水平投影面积
混凝土楼梯底（梁式）	1.00	展开面积
混凝土花格窗、栏杆花饰	1.82	单面外围面积
楼地面、天棚、墙、柱、梁面	1.00	展开面积

注：本表为抹灰面油漆、涂料、裱糊。

三、油漆、涂料、裱糊工程工程量计算案例

【例 5-9】　如图 5-7 所示为双层（一玻一纱）木窗，洞口尺寸为 1200mm × 1600mm，共 11 樘，设计为刷润油粉一遍，刮腻子，刷调和漆一遍，磁漆两遍，计算木窗油漆工程量。

注：执行木窗油漆定额，按单面洞口面积计算系数为 1.36。

【解】　木窗油漆工程量：$1.2 \times 1.6 \times 11 \times 1.36 = 28.72$（$\text{m}^2$）

套用装饰定额：5 −010

【例5-10】　某房屋如图 5-4 所示，外墙刷真石漆墙面，并用胶带分格，计算所需工程量。

注：外墙刷真石漆执行抹灰面油漆、涂料、裱糊定额的规定，按展开面积计算，系数为 1.00。

【解】　外墙面真石漆工程量如下：

$(8.1 + 0.12 \times 2 + 5.6 + 0.12 \times 2) \times 2 \times (4.6 + 0.3)$
$- 1.8 \times 1.8 \times 4 - 0.9 \times 2.7 + 0.1 \times (1.8 \times 4 + 2.7 \times 2 + 0.9) = 127.08$（$\text{m}^2$）

套用装饰定额：5 −213

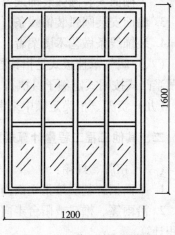

图 5-7　一玻一纱双层木窗

第六节　其　他　工　程

一、其他工程定额说明

（一）本章定额项目在实际施工中使用的材料品种、规格与定额取定不同时，可以换算，但人工、材料不变。

（二）本章定额中铁件已包括刷防锈漆一遍，如设计需涂刷油漆、防火涂料按本章油漆、涂料、裱糊工程相应子目执行。

（三）招牌基层：

1. 平面招牌是指安装在门前的墙面上；箱式招牌、竖式招牌是指六面体固定在墙面上；沿雨篷、檐口、阳台走向立式招牌，按平面招牌复杂项目执行。

2. 一般招牌和矩形招牌是指正立面平整无凸面；复杂招牌和异形招牌是指正立面有凹凸造型。

3. 招牌的灯饰均不包括在定额内。

（四）美术字安装：

1. 美术字均以成品安装固定为准。

2. 美术字不分字体均执行本定额。

（五）装饰线条：

1. 木装饰线、石膏装饰线均以成品安装为准。

2. 石材装饰线条均以成品安装为准。石材装饰线条磨边、磨圆角均包括在成品的单价中，不再另计。

（六）石材磨边、磨斜边、磨半圆边及台面开孔子目均为现场磨制。

（七）装饰线条以墙面上直线安装为准，如天棚安装直线型、圆弧形或其他图案者，按以下规定计算：

1. 天棚面安装直线装饰线条，人工乘以 1.34 系数。

2. 天棚面安装圆弧装饰线条，人工乘1.6系数，材料乘1.1系数。

3. 墙面安装圆弧装饰线条，人工乘1.2系数，材料乘1.1系数。

4. 装饰线条做艺术图案者，人工乘以1.8系数，材料乘以1.1系数。

（八）暖气罩挂板式是指钩挂在暖气片上；平墙式是指凹入墙内，明式是指凸出墙面；半凹半凸式按明式定额子目执行。

（九）货架、柜类定额中未考虑面板拼花及饰面板上贴其他材料的花饰、造型艺术品。

二、其他工程工程量计算规则

（一）招牌、灯箱：

1. 平面招牌基层按正立面面积计算，复杂性的凹凸造型部分亦不增减。

2. 沿雨篷、檐口或阳台走向的立式招牌基层，按平面招牌复杂项目执行时，应按展开面积计算。

3. 箱体招牌和竖式标箱的基层，按外围体积计算。突出箱外的灯饰、店徽及其他艺术装潢等均另行计算。

4. 灯箱的面层按展开面积以平方米计算。

5. 广告牌钢骨架以吨计算。

（二）美术字安装按字的最大外围矩形面积以个计算。

（三）压条、装饰线条均按延长米计算。

（四）暖气罩（包括脚的高度在内）按边框外围尺寸垂直投影面积计算。

（五）镜面玻璃安装、盥洗室木镜箱以正立面面积计算。

（六）塑料镜箱、毛巾环、肥皂盒、金属帘子杆、浴缸拉手、毛巾杆安装以只或副计算。不锈钢旗杆以延长米计算。大理石洗漱台以台面投影面积计算（不扣除空洞面积）。

（七）货架、柜橱类均以正立面的高（包括脚的高度在内）乘以宽以平方米计算。

（八）收银台、试衣间等以个计算，其他以延长米为单位计算。

（九）拆除工程量按拆除面积或长度计算，执行相应子目。

三、其他工程工程量计算案例

【例5-11】 如图5-8所示，求镜面不锈钢装饰线工程量。

【解】 镜面不锈钢装饰线工程量如下：

$$2 \times (1.1 + 2 \times 0.05 + 1.4) = 5.2 \ (m)$$

套用装饰定额：6 - 064

【例5-12】 如图5-8所示，求石材装饰线工程量。

【解】 石材装饰线工程量如下：

$$3 - (1.1 + 0.05 \times 2) = 1.8 \ (m)$$

套用装饰定额：6 - 087

【例5-13】 如图5-8所示，求镜面玻璃工程量。

【解】 镜面玻璃工程量如下：

$$1.1 \times 1.4 = 1.54 \ (m^2)$$

套用装饰定额：6 - 112

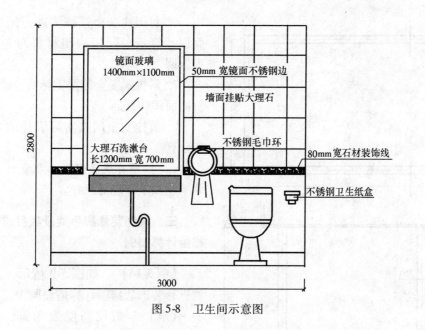

镜面玻璃
1400mm×1100mm

50mm 宽镜面不锈钢边

墙面挂贴大理石

不锈钢毛巾环

80mm 宽石材装饰线

大理石洗漱台
长1200mm 宽700mm

2800

3000

不锈钢卫生纸盒

图 5-8　卫生间示意图

第七节　装饰装修脚手架及项目成品保护费

一、装饰装修脚手架及项目成品保护费定额说明

（一）装饰装修脚手架包括满堂脚手架、外脚手架、内墙面粉饰脚手架，安全过道、封闭式安全笆、斜挑式安全笆、满挂安全网。吊篮架由各省、市根据当地实际情况编制。

（二）项目成品保护费包括楼地面、楼梯、台阶、独立柱、内墙面饰面面层。

二、装饰装修脚手架及项目成品保护费工程量计算规则

（一）装饰装修脚手架

1. 满堂脚手架，按实际搭设的水平投影面积，不扣除附墙柱、柱所占的面积，其基本层高以 3.6m 以上至 5.2m 为准。凡超过 3.6m 且在 5.2m 以内的天棚抹灰及装饰装修，应计算满堂脚手架基本层；层高超过 5.2m，每增加 1.2m 计算一个增加层，增加层的层数 = （层高 − 5.2m）÷1.2m，按四舍五入取整数。室内凡计算满堂脚手架者，其内墙面粉饰不再计算粉饰架，只按每 100m² 墙面垂直投影面积增加改架工 1.28 工日。

2. 装饰装修外脚手架，按外墙的外边线长乘墙高以平方米计算，不扣除门窗洞口的面积。同一建筑物各面墙的高度不同，且不在同一定额布距内时，应分别计算工程量。定额中所指的檐口高度 5~45m 以内，系指建筑物自设计室外地坪至外墙顶面或构筑物顶面的高度。

3. 利用主体外脚手架改变其步高作外墙面装饰架时，按每 100m² 外墙面垂直投影面积，增加改架工 1.28 工日；独立柱按柱周长增加 3.6m 乘柱高套用装饰装修外脚手架相应高度的定额。

4. 内墙面粉饰脚手架，均按内墙面垂直投影面积计算，不扣除门窗洞口的面积。

5. 安全过道按实际搭设的水平投影面积（架宽×架长）计算。

99

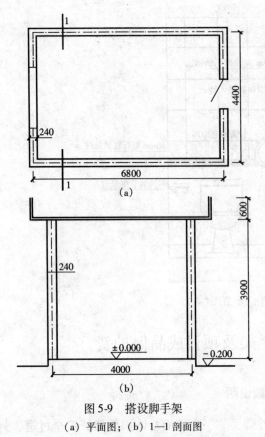

图 5-9 搭设脚手架

(a) 平面图；(b) 1—1 剖面图

6. 封闭式安全笆按实际封闭的垂直投影面积计算。实际用封闭材料与定额不符时，不作调整。

7. 斜挑式安全笆按实际搭设的（长×宽）斜面面积计算。

8. 满挂安全网按实际满挂的垂直投影面积计算。

（二）项目成品保护工程量计算规则按各章节相应子目规则执行。

三、装饰装修脚手架及项目成品保护费工程量计算案例

【例5-14】   如图 5-9 所示，某单层建筑物进行装饰装修，计算搭设脚手架。

【解】   搭设高度为 3.9m，因 3.6m < 3.9m < 5.2m，所以应计算满堂脚手架基本层；因（3.9 − 3.6）＝0.3m < 1.2m，所以不能计算增加层。

脚手架搭设面积：（6.8＋0.24）×（4.4＋0.24）＝32.67（m²）

套用装饰定额：7 − 005

第八节 垂直运输及超高增加费

一、垂直运输及超高增加费定额说明

（一）垂直运输费

1. 本定额不包括特大型机械进出场及安拆费。垂直运输费定额按多层建筑物和单层建筑物划分。多层建筑物又根据建筑物檐高和垂直运输高度划分为 21 个定额子目。单层建筑物按建筑物檐高分 2 个定额子目。

2. 垂直运输高度：设计室外地坪以上部分指室外地坪至相应地（楼）面的高度。设计室外地坪以下部分指室外地坪至相应地（楼）面的高度。

3. 单层建筑物檐高高度在 3.6m 以内时，不计算垂直运输机械费。

4. 带一层地下室的建筑物，若地下室垂直运输高度小于 3.6m，则地下层不计算垂直运输机械费。

5. 再次装饰装修利用电梯进行垂直运输或通过楼梯人力进行垂直运输的按实际计算。

（二）超高增加费

1. 本定额用于建筑物檐高在 20m 以上的工程。

2. 檐高是指设计室外地坪至檐口的高度。突出主体建筑屋顶的电梯间、水箱间等不计入檐高之内。

二、垂直运输及超高增加费工程量计算规则

（一）垂直运输工程量

装饰装修楼层（包括楼层所有装饰装修工程量）区别不同垂直运输高度（单层建筑物系檐口高度）按定额工日分别计算。

地下层超过二层或层高超过 3.6m 时，计取垂直运输费，其工程量按地下层全面积计算。

（二）超高增加费工程量

装饰装修楼面（包括楼层所有装饰装修工程量）区别不同的垂直运输高度（单层建筑物系檐口高度）以人工费与机械费之和按百元为计量单位分别计算。

三、垂直运输及超高增加费工程量计算案例

工程量计算说明：

1. 超高增加费定额适用于建筑物檐高在 20m 以上的工程。建筑物檐高在 20m 以内的不计取超高增加费。

2. 檐高是指设计室外地坪至檐口的高度，突出主体建筑屋顶的电梯间、水箱间等不计入檐高之内。

3. 超高增加费定额按多层建筑物和单层建筑物划分，多层建筑物定额按垂直运输高度每 20m 为一档次，共分五个定额子目。而单层建筑物定额按建筑物檐高每 10m 为一档次，共分三个定额子目。

4. 超高增加费包括：工人上下班降低功效、上楼工作前休息及自然增加的时间及由于人工降效引起的机械降效等。

【例 5-15】　某建筑物如图 5-10 所示，室外地坪以上部分楼层装饰装修工程量总工日为 6000 工日，计算该建筑物的垂直运输高度及运输费。

【解】　建筑物设计室外地坪以上部分的垂直运输高度为：

$$16.8 + 0.6 = 17.4 \text{（m）}$$

运输费工程量：60 百工日

套用装饰定额：8 - 001

该建筑物垂直运输费见表 5-7。

表 5-7　建筑物垂直运输费

名　称		单位	定额含量	工程量	垂直运输费
机械	卷扬机、单筒慢速 5t	台班	2.92	60	175.2000

【例 5-16】　某建筑物如图 5-10 所示，带二层地下室，室外地坪以下部分地下层的装饰装修全面积工日总数为 760 工日，计算该建筑物地下室垂直运输费。

【解】　该建筑物设计室外地坪以下部分的垂直运输高度为：

$$6 - 0.6 = 5.4 \text{（m）}$$

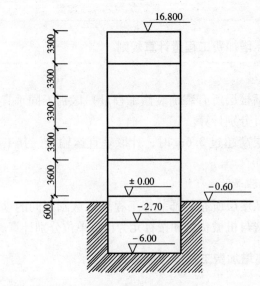

图 5-10 室外地坪以上部分示意图

运输费工程量：7.6 百工日

套用装饰定额：8 – 001

该建筑物地下室垂直运输费见表 5-8。

表 5-8 该建筑物地下室垂直运输费

名　　称		单位	定额含量	工程量	垂直运输费
机械	卷扬机、单筒慢速 5t	台班	2.92	7.6	22.1920

【例 5-17】 某单层建筑物檐高 21.8m，如图 5-11 所示，该建筑物所有装饰装修人工费之和为 3268 元，机械费为 726 元，计算其超高增加费。

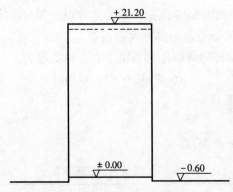

图 5-11 单层建筑物檐高

【解】 该单层建筑物檐高 21.8m 在 30m 以内，因此套用装饰定额 8 – 029，因为建筑物超高增加费工程量是以人工费和机械费之和以 100 元为计算单位，所以此建筑物超高增加费工程量为：

$$(3268 + 726) \div 100 = 39.94（百元）$$

此建筑物超高增加费见表 5-9。

102

表 5-9　此建筑物超高增加费

名　　称	单　位	定额含量	工程量	超高增加费
人工、机械降效系数	%	3.1200	39.94	124.6128

【例 5-18】　某建筑物层数为 11 层，±0.00 以上高度为 36.80m，设计室外地坪为 -0.60m，假设该建筑物所有装饰装修人工费之和为 268360 元，机械费之和为 6826 元，计算该建筑物超高增加费。

【解】　该多层建筑物檐高为 36.8 + 0.6 = 37.4m，在 40m 以内，因此套用定额 8 - 024，又因为建筑物超高增加费工程量是以人工费和机械费之和以 100 元为计量单位，所以此建筑物超高增加费工程量为：

$$（268360 + 6826）÷ 100 = 2751.86（百元）$$

此建筑物超高增加费见表 5-10。

表 5-10　此建筑物超高增加费

名　　称	单　位	定额含量	工程量	超高增加费
人工、机械降效系数	%	9.35	2751.86	25729.8910

第六章 清单工程量的计算方法

第一节 楼地面装饰工程

一、清单工程量计算有关问题说明

(一) 楼地面装饰工程量清单项目的划分与编码

1. 清单项目的划分

楼地面工程按施工工艺、材料及部位分为整体面层及找平层、块料面层、橡塑面层、其他材料面层、踢脚线、楼梯面层、台阶装饰、零星装饰项目。适用于楼地面、楼梯、台阶等装饰工程。

各项目所包含的清单项目如下：

楼地面装饰工程 ｛
整体面层及找平层（包括水泥砂浆、现浇水磨石、细石混凝土、菱苦土、自流坪楼地面、平面砂浆找平层）
块料面层（石材、碎石材、块料楼地面）
橡塑面层（橡胶板、橡胶板卷材、塑料板、塑料卷材楼地面）
其他材料面层（地毯楼地面、竹、木（复合）地板、金属复合地板、防静电活动地板）
踢脚线（水泥砂浆、石材、块料、塑料板、木质、金属、防静电踢脚线）
楼梯面层（石材、块料、拼碎块料、水泥砂浆、现浇水磨石、地毯、木板、橡胶板、塑料板楼梯面层）
台阶装饰（石材、块料、拼碎块料、水泥砂浆、现浇水磨石、剁假石台阶面）
零星装饰项目（石材、拼碎石材、块料、水泥砂浆零星项目）

2. 清单项目的编码

一级编码为01《房屋建筑与装饰工程工程量计算规范》；二级编码11（《房屋建筑与装饰工程工程量计算规范》附录L，楼地面装饰工程）；三级编码01~08（从整体面层及找平层至零星装饰项目）；四级编码从001始，根据各项目所包含的清单项目不同，第三位数字依次递增；五级编码从001始，依次递增，比如：同一个工程中的块料面层，不同房间其规格、品牌等不同，因而其价格不同，其编码从第五级编码区分。

(二) 清单工程量计算有关问题说明

1. 有关项目列项问题说明

(1) 零星装饰适用于小面积（0.5m² 以内）少量分散的楼地面镶贴块料面层，其工程部位或名称应在清单项目中进行描述。

(2) 楼梯、台阶牵边和侧面镶贴块料面层，可按零星装饰项目编码列项，并在清单项目中进行描述。

(3) 石材、块料与粘结材料的结合面刷防渗材料的种类在防护材料种类中描述。

2. 有关项目特征说明

（1）楼地面是指构成的基层（楼板、夯实土基）、垫层（承受地面荷载并均匀传递给基层的构造层）、填充层（在建筑楼地面上起隔声、保温、找坡或敷设暗管、暗线等作用的构造层）、隔离层（起防水、防潮作用的构造层）、找平层（在垫层、楼板上或填充层上起找平、找坡或加强作用的构造层）、结合层（面层与下层相结合的中间层）、面层（直接承受各种荷载作用的表面层）等。

（2）垫层是指混凝土垫层、砂石人工级配垫层、天然级配砂石垫层、灰土垫层、（碎石、碎砖）垫层、三合土垫层、炉渣垫层等。

（3）找平层是指水泥砂浆找平层，有比较特殊要求的可采用细石混凝土、沥青砂浆、沥青混凝土等材料铺设找平层。

（4）隔离层是指卷材、防水砂浆、沥青砂浆或防水涂料等材料的构造层。

（5）填充层是用轻质的松散（炉渣、膨胀蛭石、膨胀珍珠岩等）或块体材料（加气混凝土、泡沫混凝土、泡沫塑料、矿棉、膨胀珍珠岩、膨胀蛭石块和板材等）以及整体材料（沥青膨胀珍珠岩、沥青膨胀蛭石、水泥膨胀珍珠岩、膨胀蛭石等）铺设而成。

（6）面层是指整体面层（水泥砂浆、现浇水磨石、细石混凝土、菱苦土等）、块料面层（石材、陶瓷地砖、橡胶、塑料、竹、木地板）等。

（7）面层中其他材料：

①防护材料是耐酸、耐碱、耐臭氧、耐老化、防火、防油渗等材料。

②嵌条材料用于水磨石的分格、作图案等。如：玻璃嵌条、铜嵌条、铝合金嵌条、不锈钢嵌条等。

③压线条是用地毯、橡胶板、橡胶卷材铺设而成。如：铝合金、不锈钢、铜压线条等。

④颜料是用于水磨石地面、踢脚线、楼梯、台阶和块料面层勾缝所需配制的石子浆或砂浆内加添的材料（耐碱的矿物颜料）。

⑤防滑条是用于楼梯、台阶踏步的防滑设施，如：水泥玻璃屑、水泥钢屑、铜、铁防滑条等。

⑥地毡固定配件是用于固定地毡的压棍脚和压棍。

⑦扶手固定配件是用于楼梯、台阶的栏杆柱、栏杆、栏板与扶手相连接的固定件，靠墙扶手与墙相连接的固定件。

⑧酸洗、打蜡磨光，磨石、菱苦土、陶瓷块料等，均可用酸洗（草酸）清洗油渍、污渍，然后打蜡（蜡脂、松香水、鱼油、煤油等按设计要求配合）和磨光。

3. 工程量计算规则的说明

（1）"不扣除间壁墙和面积在 0.3m² 以内的柱、垛、附墙烟囱及孔洞所占面积"，与《基础定额》不同。

（2）单跑楼梯不论其中间是否有休息平台，其工程量与双跑楼梯同样计算。

（3）台阶面层与平台面层是同一种材料时，平台计算面层后，台阶不再计算最上一层踏步面积；如台阶计算最上一层踏步（加30cm），平台面层中必须扣除该面积。

（4）包括垫层的地面和不包括垫层的楼面应分别计算工程量，分别编码（第五级编码）列项。

4. 有关工程内容说明

（1）有填充层和隔离层的楼地面往往有两层找平层，应注意报价。

（2）当台阶面层与找平层材料相同而最后一步台阶投影面积不计算时，应将最后一步台阶的踢脚板面层考虑在报价内。

二、楼地面装饰工程工程量计算规则

楼地面装饰工程包括整体面层及找平层、块料面层、橡塑面层、其他材料面层、踢脚线、楼梯面层、台阶装饰、零星装饰等项目。适用于楼地面、楼梯、台阶等装饰工程。

（一）整体面层（编码：011101）

1. 水泥砂浆楼地面（项目编码：011101001）。

（1）项目特征：找平层厚度、砂浆配合比；素水泥浆遍数；面层厚度、砂浆配合比；面层做法要求。

（2）工程量计算规则：按设计图示尺寸以面积计算。扣除凸出地面构筑物、设备基础、室内管道、地沟等所占面积，不扣除间壁墙及≤0.3m² 柱、垛、附墙烟囱及孔洞所占面积。门洞、空圈、暖气包槽、壁龛的开口部分不增加面积。

（3）工程内容：基层清理；抹找平层；抹面层；材料运输。

2. 现浇水磨石楼地面（项目编码：011101002）

（1）项目特征：找平层厚度、砂浆配合比；面层厚度、水泥石子浆配合比；嵌条材料种类、规格；石子种类、规格、颜色；颜料种类、颜色；图案要求；磨光、酸洗、打蜡要求。

（2）工程量计算规则：按设计图示尺寸以面积计算。扣除凸出地面构筑物、设备基础、室内管道、地沟等所占面积，不扣除间壁墙及≤0.3m² 柱、垛、附墙烟囱及孔洞所占面积。门洞、空圈、暖气包槽、壁龛的开口部分不增加面积。

（3）工程内容：基层清理；抹找平层；面层铺设；嵌缝条安装；磨光、酸洗打蜡；材料运输。

3. 细石混凝土楼地面（项目编码：011101003）

（1）项目特征：找平层厚度、砂浆配合比；面层厚度、混凝土强度等级。

（2）工程量计算规则：按设计图示尺寸以面积计算。扣除凸出地面构筑物、设备基础、室内管道、地沟等所占面积，不扣除间壁墙及≤0.3m² 柱、垛、附墙烟囱及孔洞所占面积。门洞、空圈、暖气包槽、壁龛的开口部分不增加面积。

（3）工程内容：基层清理；抹找平层；面层铺设；材料运输。

4. 菱苦土楼地面（项目编码：011101004）

（1）项目特征：找平层厚度、砂浆配合比；面层厚度；打蜡要求。

（2）工程量计算规则：按设计图示尺寸以面积计算。扣除凸出地面构筑物、设备基础、室内管道、地沟等所占面积，不扣除间壁墙及≤0.3m² 柱、垛、附墙烟囱及孔洞所占面积。门洞、空圈、暖气包槽、壁龛的开口部分不增加面积。

（3）工程内容：基层清理；抹找平层；面层铺设；打蜡；材料运输。

5. 自流坪楼地面（项目编码：011101005）

（1）项目特征：找平层砂浆配合比、厚度；界面剂材料种类；中层漆材料种类、厚度；面漆材料种类、厚度；面层材料种类。

（2）工程量计算规则：按设计图示尺寸以面积计算。扣除凸出地面构筑物、设备基础、室内管道、地沟等所占面积，不扣除间壁墙及≤0.3m² 柱、垛、附墙烟囱及孔洞所占面积。

门洞、空圈、暖气包槽、壁龛的开口部分不增加面积。

（3）工程内容：基层处理；抹找平层；涂界面剂；涂刷中层漆；打磨、吸尘；镘自流平面漆（浆）；拌合自流平浆料；铺面层。

6. 平面砂浆找平层（项目编码：011101006）

（1）项目特征：找平层砂浆配合比、厚度。

（2）工程量计算规则：按设计图示尺寸以面积计算。

（3）工程内容：基层处理；抹找平层；材料运输。

（二）块料面层（编码：011102）

1. 石材楼地面（项目编码：011102001）

（1）项目特征：找平层厚度、砂浆配合比；结合层厚度、砂浆配合比；面层材料品种、规格、颜色；嵌缝材料种类；防护层材料种类；酸洗、打蜡要求。

（2）工程量计算规则：按设计图示尺寸以面积计算。门洞、空圈、暖气包槽、壁龛的开口部分并入相应的工程量内。

（3）工程内容：基层清理；抹找平层；面层铺设、磨边；嵌缝；刷防护材料；酸洗、打蜡；材料运输。

2. 碎石材楼地面（项目编码：011102002）

（1）项目特征：找平层厚度、砂浆配合比；结合层厚度、砂浆配合比；面层材料品种、规格、颜色；嵌缝材料种类；防护层材料种类；酸洗、打蜡要求。

（2）工程量计算规则：按设计图示尺寸以面积计算。门洞、空圈、暖气包槽、壁龛的开口部分并入相应的工程量内。

（3）工程内容：基层清理；抹找平层；面层铺设、磨边；嵌缝；刷防护材料；酸洗、打蜡；材料运输。

3. 块料楼地面（项目编码：011102003）

（1）项目特征：找平层厚度、砂浆配合比；结合层厚度、砂浆配合比；面层材料品种、规格、颜色；嵌缝材料种类；防护层材料种类；酸洗、打蜡要求。

（2）工程量计算规则：按设计图示尺寸以面积计算。门洞、空圈、暖气包槽、壁龛的开口部分并入相应的工程量内。

（3）工程内容：基层清理；抹找平层；面层铺设、磨边；嵌缝；刷防护材料；酸洗、打蜡；材料运输。

（三）橡塑面层（编码：011103）

1. 橡胶板楼地面（项目编码：011103001）

（1）项目特征：粘结层厚度、材料种类；面层材料品种、规格、颜色；压线条种类。

（2）工程量计算规则：按设计图示尺寸以面积计算。门洞、空圈、暖气包槽、壁龛的开口部分并入相应的工程量内。

（3）工程内容：基层清理；面层铺贴；压缝条装钉；材料运输。

2. 橡胶板卷材楼地面（项目编码：011103002）

（1）项目特征：粘结层厚度、材料种类；面层材料品种、规格、颜色；压线条种类。

（2）工程量计算规则：按设计图示尺寸以面积计算。门洞、空圈、暖气包槽、壁龛的开口部分并入相应的工程量内。

（3）工程内容：基层清理；面层铺贴；压缝条装钉；材料运输。

3. 塑料板楼地面（项目编码：011103003）

（1）项目特征：粘结层厚度、材料种类；面层材料品种、规格、颜色；压线条种类。

（2）工程量计算规则：按设计图示尺寸以面积计算。门洞、空圈、暖气包槽、壁龛的开口部分并入相应的工程量内。

（3）工程内容：基层清理；面层铺贴；压缝条装钉；材料运输。

4. 塑料卷材楼地面（项目编码：011103004）

（1）项目特征：粘结层厚度、材料种类；面层材料品种、规格、颜色；压线条种类。

（2）工程量计算规则：按设计图示尺寸以面积计算。门洞、空圈、暖气包槽、壁龛的开口部分并入相应的工程量内。

（3）工程内容：基层清理；面层铺贴；压缝条装钉；材料运输。

（四）其他材料面层（编码：011104）

1. 地毯楼地面（项目编码：011104001）

（1）项目特征：面层材料品种、规格、颜色；防护材料种类；粘结材料种类；压线条种类。

（2）工程量计算规则：按设计图示尺寸以面积计算。门洞、空圈、暖气包槽、壁龛的开口部分并入相应的工程量内。

（3）工程内容：基层清理；铺贴面层；刷防护材料；装钉压条；材料运输。

2. 竹、木（复合）地板（项目编码：011104002）

（1）项目特征：龙骨材料种类、规格、铺设间距；基层材料种类、规格；面层材料品种、规格、颜色；防护材料种类。

（2）工程量计算规则：按设计图示尺寸以面积计算。门洞、空圈、暖气包槽、壁龛的开口部分并入相应的工程量内。

（3）工程内容：基层清理；龙骨铺设；基层铺设；面层铺贴；刷防护材料；材料运输。

3. 金属复合地板（项目编码：011104003）

（1）项目特征：龙骨材料种类、规格、铺设间距；基层材料种类、规格；面层材料品种、规格、颜色；防护材料种类。

（2）工程量计算规则：按设计图示尺寸以面积计算。门洞、空圈、暖气包槽、壁龛的开口部分并入相应的工程量内。

（3）工程内容：基层清理；龙骨铺设；基层铺设；面层铺贴；刷防护材料；材料运输。

4. 防静电活动地板（项目编码：011104004）

（1）项目特征：支架高度、材料种类；面层材料品种、规格、颜色；防护材料种类。

（2）工程量计算规则：按设计图示尺寸以面积计算。门洞、空圈、暖气包槽、壁龛的开口部分并入相应的工程量内。

（3）工程内容：基层清理；固定支架安装；活动面层安装；刷防护材料；材料运输。

（五）踢脚线（编码：011105）

1. 水泥砂浆踢脚线（项目编码：011105001）

（1）项目特征：踢脚线高度；底层厚度、砂浆配合比；面层厚度、砂浆配合比。

（2）工程量计算规则：按设计图示长度乘高度以面积计算；按延长米计算。

（3）工程内容：基层清理；底层和面层抹灰；材料运输。

2. 石材踢脚线（项目编码：011105002）

（1）项目特征：踢脚线高度；粘贴层厚度、材料种类；面层材料品种、规格、颜色；防护材料种类。

（2）工程量计算规则：按设计图示长度乘高度以面积计算；按延长米计算。

（3）工程内容：基层清理；底层抹灰；面层铺贴、磨边；擦缝；磨光、酸洗、打蜡；刷防护材料；材料运输。

3. 块料踢脚线（项目编码：011105003）

（1）项目特征：踢脚线高度；粘贴层厚度、材料种类；面层材料品种、规格、颜色；防护材料种类。

（2）工程量计算规则：按设计图示长度乘高度以面积计算；按延长米计算。

（3）工程内容：基层清理；底层抹灰；面层铺贴、磨边；擦缝；磨光、酸洗、打蜡；刷防护材料；材料运输。

4. 塑料板踢脚线（项目编码：011105004）

（1）项目特征：踢脚线高度；粘结层厚度、材料种类；面层材料种类、规格、颜色。

（2）工程量计算规则：按设计图示长度乘高度以面积计算；按延长米计算。

（3）工程内容：基层清理；基层铺贴；面层铺贴；材料运输。

5. 木质踢脚线（项目编码：011105005）

（1）项目特征：踢脚线高度；基层材料种类、规格；面层材料品种、规格、颜色。

（2）工程量计算规则：按设计图示长度乘高度以面积计算；按延长米计算。

（3）工程内容：基层清理；基层铺贴；面层铺贴；材料运输。

6. 金属踢脚线（项目编码：011105006）

（1）项目特征：踢脚线高度；基层材料种类、规格；面层材料品种、规格、颜色。

（2）工程量计算规则：按设计图示长度乘高度以面积计算；按延长米计算。

（3）工程内容：基层清理；基层铺贴；面层铺贴；材料运输。

7. 防静电踢脚线（项目编码：011105007）

（1）项目特征：踢脚线高度；基层材料种类、规格；面层材料品种、规格、颜色。

（2）工程量计算规则：按设计图示长度乘高度以面积计算；按延长米计算。

（3）工程内容：基层清理；基层铺贴；面层铺贴；材料运输。

（六）楼梯面层（编码：011106）

1. 石材楼梯面层（项目编码：011106001）

（1）项目特征：找平层厚度、砂浆配合比；粘结层厚度、材料种类；面层材料的品种、规格、颜色；防滑条材料种类、规格；勾缝材料种类；防护层材料种类；酸洗、打蜡要求。

（2）工程量计算规则：按设计图示尺寸以楼梯（包括踏步、休息平台及≤500mm 的楼梯井）水平投影面积计算。楼梯与楼地面相连时，算至梯口梁内侧边沿；无梯口梁者，算至最上一层踏步边沿加 300mm。

（3）工程内容：基层清理；抹找平层；面层铺贴、磨边；贴嵌防滑条；勾缝；刷防护材料；酸洗、打蜡；材料运输。

2. 块料楼梯面层（项目编码：011106002）

（1）项目特征：找平层厚度、砂浆配合比；粘结层厚度、材料种类；面层材料的品种、规格、颜色；防滑条材料种类、规格；勾缝材料种类；防护层材料种类；酸洗、打蜡要求。

（2）工程量计算规则：按设计图示尺寸以楼梯（包括踏步、休息平台及≤500mm的楼梯井）水平投影面积计算。楼梯与楼地面相连时，算至梯口梁内侧边沿；无梯口梁者，算至最上一层踏步边沿加300mm。

（3）工程内容：基层清理；抹找平层；面层铺贴、磨边；贴嵌防滑条；勾缝；刷防护材料；酸洗、打蜡；材料运输。

3. 拼碎块料面层（项目编码：011106003）

（1）项目特征：找平层厚度、砂浆配合比；粘结层厚度、材料种类；面层材料的品种、规格、颜色；防滑条材料种类、规格；勾缝材料种类；防护层材料种类；酸洗、打蜡要求。

（2）工程量计算规则：按设计图示尺寸以楼梯（包括踏步、休息平台及≤500mm的楼梯井）水平投影面积计算。楼梯与楼地面相连时，算至梯口梁内侧边沿；无梯口梁者，算至最上一层踏步边沿加300mm。

（3）工程内容：基层清理；抹找平层；面层铺贴、磨边；贴嵌防滑条；勾缝；刷防护材料；酸洗、打蜡；材料运输。

4. 水泥砂浆楼梯面层（项目编码：011106004）

（1）项目特征：找平层厚度、砂浆配合比；面层厚度、砂浆配合比；防滑条材料种类、规格。

（2）工程量计算规则：按设计图示尺寸以楼梯（包括踏步、休息平台及≤500mm的楼梯井）水平投影面积计算。楼梯与楼地面相连时，算至梯口梁内侧边沿；无梯口梁者，算至最上一层踏步边沿加300mm。

（3）工程内容：基层清理；抹找平层；抹面层；抹防滑条；材料运输。

5. 现浇水磨石楼梯面层（项目编码：011106005）

（1）项目特征：找平层厚度、砂浆配合比；面层厚度、水泥石子浆配合比；防滑条材料种类、规格；石子种类、规格、颜色；颜料种类、颜色；磨光、酸洗打蜡要求。

（2）工程量计算规则：按设计图示尺寸以楼梯（包括踏步、休息平台及≤500mm的楼梯井）水平投影面积计算。楼梯与楼地面相连时，算至梯口梁内侧边沿；无梯口梁者，算至最上一层踏步边沿加300mm。

（3）工程内容：基层清理；抹找平层；抹面层；贴嵌防滑条；磨光、酸洗、打蜡；材料运输。

6. 地毯楼梯面层（项目编码：011106006）

（1）项目特征：基层种类；面层材料的品种、规格、颜色；防护材料种类；粘结材料种类；固定配件材料种类、规格。

（2）工程量计算规则：按设计图示尺寸以楼梯（包括踏步、休息平台及≤500mm的楼梯井）水平投影面积计算。楼梯与楼地面相连时，算至梯口梁内侧边沿；无梯口梁者，算至最上一层踏步边沿加300mm。

（3）工程内容：基层清理；铺贴面层；固定配件安装；刷防护材料；材料运输。

7. 木板楼梯面层（项目编码：011106007）

（1）项目特征：基层材料种类、规格；面层材料的品种、规格、颜色；粘结材料种类；

防护材料种类。

（2）工程量计算规则：按设计图示尺寸以楼梯（包括踏步、休息平台及≤500mm的楼梯井）水平投影面积计算。楼梯与楼地面相连时，算至梯口梁内侧边沿；无梯口梁者，算至最上一层踏步边沿加300mm。

（3）工程内容：基层清理；基层铺贴；面层铺贴；刷防护材料；材料运输。

8. 橡胶板楼梯面层（项目编码：011106008）

（1）项目特征：粘结层厚度、材料种类；面层材料的品种、规格、颜色；压线条种类。

（2）工程量计算规则：按设计图示尺寸以楼梯（包括踏步、休息平台及≤500mm的楼梯井）水平投影面积计算。楼梯与楼地面相连时，算至梯口梁内侧边沿；无梯口梁者，算至最上一层踏步边沿加300mm。

（3）工程内容：基层清理；面层铺贴；压缝条装钉；材料运输。

9. 塑料板楼梯面层（项目编码：011106009）

（1）项目特征：粘结层厚度、材料种类；面层材料的品种、规格、颜色；压线条种类。

（2）工程量计算规则：按设计图示尺寸以楼梯（包括踏步、休息平台及≤500mm的楼梯井）水平投影面积计算。楼梯与楼地面相连时，算至梯口梁内侧边沿；无梯口梁者，算至最上一层踏步边沿加300mm。

（3）工程内容：基层清理；面层铺贴；压缝条装钉；材料运输。

（七）台阶装饰（编码：011107）

1. 石材台阶面（项目编码：011107001）

（1）项目特征：找平层厚度、砂浆配合比；粘结层材料种类；面层材料品种、规格、颜色；勾缝材料种类；防滑条材料种类、规格；防护材料种类。

（2）工程量计算规则：按设计图示尺寸以台阶（包括最上层踏步边沿加300mm）水平投影面积。

（3）工程内容：基层清理；抹找平层；面层铺贴；贴嵌防滑条；勾缝；刷防护材料；材料运输。

2. 块料台阶面（项目编码：011107002）

（1）项目特征：找平层厚度、砂浆配合比；粘结层材料种类；面层材料品种、规格、颜色；勾缝材料种类；防滑条材料种类、规格；防护材料种类。

（2）工程量计算规则：按设计图示尺寸以台阶（包括最上层踏步边沿加300mm）水平投影面积。

（3）工程内容：基层清理；抹找平层；面层铺贴；贴嵌防滑条；勾缝；刷防护材料；材料运输。

3. 拼碎块料台阶面（项目编码：011107003）

（1）项目特征：找平层厚度、砂浆配合比；粘结层材料种类；面层材料品种、规格、颜色；勾缝材料种类；防滑条材料种类、规格；防护材料种类。

（2）工程量计算规则：按设计图示尺寸以台阶（包括最上层踏步边沿加300mm）水平投影面积。

（3）工程内容：基层清理；抹找平层；面层铺贴；贴嵌防滑条；勾缝；刷防护材料；材料运输。

4. 水泥砂浆台阶面（项目编码：011107004）

（1）项目特征：找平层厚度、砂浆配合比；面层厚度、砂浆配合比；防滑条材料种类。

（2）工程量计算规则：按设计图示尺寸以台阶（包括最上层踏步边沿加300mm）水平投影面积。

（3）工程内容：基层清理；抹找平层；抹面层；抹防滑条；材料运输。

5. 现浇水磨石台阶面（项目编码：011107005）

（1）项目特征：找平层厚度、砂浆配合比；面层厚度、水泥石子浆配合比；防滑条材料种类、规格；石子种类、规格、颜色；颜料种类、颜色；磨光、酸洗、打蜡要求。

（2）工程量计算规则：按设计图示尺寸以台阶（包括最上层踏步边沿加300mm）水平投影面积。

（3）工程内容：清理基层；抹找平层；抹面层；贴嵌防滑条；打磨、酸洗、打蜡；材料运输。

6. 剁假石台阶面（项目编码：011107006）

（1）项目特征：找平层厚度、砂浆配合比；面层厚度、砂浆配合比；剁假石要求。

（2）工程量计算规则：按设计图示尺寸以台阶（包括最上层踏步边沿加300mm）水平投影面积。

（3）工程内容：清理基层；抹找平层；抹面层；剁假石；材料运输。

（八）零星装饰项目（编码：011108）

1. 石材零星项目（项目编码：011108001）

（1）项目特征：工程部位；找平层厚度、砂浆配合比；贴结合层厚度、材料种类；面层材料品种、规格、颜色；勾缝材料种类；防护材料种类；酸洗、打蜡要求。

（2）工程量计算规则：按设计图示尺寸以面积计算。

（3）工程内容：清理基层；抹找平层；面层铺贴、磨边；勾缝；刷防护材料；酸洗、打蜡；材料运输。

2. 拼碎石材零星项目（项目编码：011108002）

（1）项目特征：工程部位；找平层厚度、砂浆配合比；贴结合层厚度、材料种类；面层材料品种、规格、颜色；勾缝材料种类；防护材料种类；酸洗、打蜡要求。

（2）工程量计算规则：按设计图示尺寸以面积计算。

（3）工程内容：清理基层；抹找平层；面层铺贴、磨边；勾缝；刷防护材料；酸洗、打蜡；材料运输。

3. 块料零星项目（项目编码：011108003）

（1）项目特征：工程部位；找平层厚度、砂浆配合比；贴结合层厚度、材料种类；面层材料品种、规格、颜色；勾缝材料种类；防护材料种类；酸洗、打蜡要求。

（2）工程量计算规则：按设计图示尺寸以面积计算。

（3）工程内容：清理基层；抹找平层；面层铺贴、磨边；勾缝；刷防护材料；酸洗、打蜡；材料运输。

4. 水泥砂浆零星项目（项目编码：011108004）

（1）项目特征：工程部位；找平层厚度、砂浆配合比；面层厚度、砂浆厚度。

（2）工程量计算规则：按设计图示尺寸以面积计算。

（3）工程内容：清理基层；抹找平层；抹面层；材料运输。

三、楼地面清单工程量计算案例

【例6-1】　某商店平面如图6-1所示，地面做法：C20细石混凝土找平层60mm厚，1：2.5白水泥色石子水磨石面层20mm厚，15mm×2mm铜条分隔，距墙柱边300mm范围内按纵横1m宽分格。计算地面工程量。

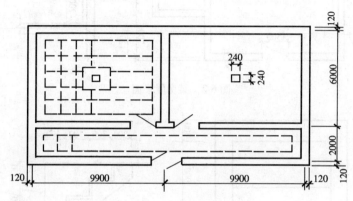

图6-1　某商店平面

【解】　查项目编码011101002，现浇水磨石楼地面工程量计算如下：

计算公式：

现浇水磨石楼地面工程量＝主墙间净长度×主墙间净宽度－构筑物等所占面积

$$现浇水磨石楼地面工程量＝(9.9-0.24)×(6-0.24)×2＋(9.9×2-0.24)×(2-0.24)$$
$$＝145.71(m^2)$$

【例6-2】　某体操练功用房，地面铺木地板，其做法是：30mm×40mm木龙骨中距（双向）450mm×450mm；20mm×80mm松木毛地板45°斜铺，板间留2mm缝宽；上铺50mm×20mm企口地板，房间面积为30m×50m，门洞开口部分1.5m×0.12m两处，计算木地板工程量。

【解】　查项目编码011104002，木地板工程量计算如下：

计算公式：

木地板工程量＝主墙间净长度×主墙间净宽度＋门窗洞口、壁龛开口部分面积

$$木地板工程量＝30×50＋1.5×0.12×2＝1500.36（m^2）$$

【例6-3】　某房屋平面如图6-2所示，室内水泥砂浆粘贴200mm高石材踢脚板，计算工程量。

【解】　查项目编码011105002，石材踢脚线工程量计算如下：

计算公式：踢脚线工程量＝踢脚线净长度×高度

$$踢脚线工程量＝[(8.00-0.24+6.00-0.24)×2＋(4.00-0.24＋3.00-0.24)×2-1.50$$
$$-0.80×2＋0.12×6]×0.20＝7.54(m^2)$$

【例6-4】　某工程花岗石台阶，尺寸如图6-3所示，台阶及翼墙用1：2.5水泥砂浆粘贴花岗石板（翼墙外侧不贴），计算工程量。

【解】　（1）查项目编码011107001，石材台阶面工程量计算如下：

113

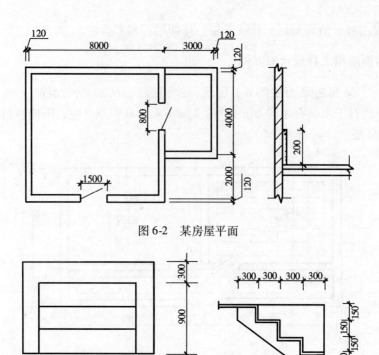

图 6-2 某房屋平面

图 6-3 花岗石台阶

如图 6-4 所示，计算公式：

$$台阶工程量 = L \times (B \times n + 0.3)$$
$$石材台阶面工程量 = 4.00 \times 0.30 \times 4 = 4.80 \ (m^2)$$

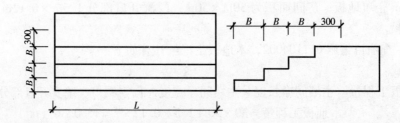

图 6-4 石材台阶面

（2）查项目编码 011108001，石材零星项目工程量计算如下：

石材零星项目工程量 $= 0.3 \times (0.9 + 0.3 + 0.15 \times 4) \times 2 + (0.3 \times 3) \times (0.15 \times 4)$（折合）

$$= 1.62 \ (m^2)$$

注：台阶平台部分可按地面项目编码列项，但要扣除最上一层踏步宽（300mm）。

【例 6-5】 如图 6-5 所示，该楼面在水泥砂浆找平层上二次装修，铺贴装饰面层，计算楼地面的工程量。

【解】 根据楼地面工程量计算规则，计算如下：

114

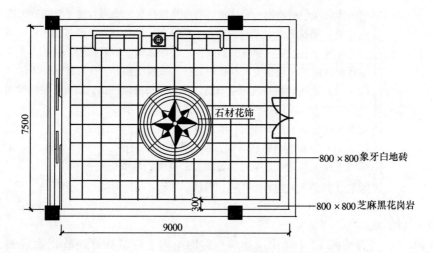

图 6-5　室内平面图

（1）石材花饰工程

$$S = \pi R^2 = \pi \times 1.6 \times 1.6 = 8.04 \ （\mathrm{m}^2）$$

（2）石材地面工程

$$S = [（9.0 - 0.3）\times 2 + （7.5 - 0.3）\times 2] \times 0.3 = 9.54 \ （\mathrm{m}^2）$$

（3）地砖块料工程

$$S = （9.0 - 0.6）\times （7.5 - 0.6）- 8.04 = 49.92 \ （\mathrm{m}^2）$$

本例工程量清单见表 6-1。

表 6-1　工程量清单

项目编码	项目名称	项目特征描述	计量单位	工程量
011102001001	石材楼地面	20 厚 1：4 干硬水泥砂浆结合层，20 厚芝麻黑花岗岩石材	m²	9.54
011102003001	块料楼地面	20 厚 1：4 干硬水泥砂浆结合层，15 厚象牙白地砖	m²	49.92
011108001001	石材零星项目	地面点缀装饰拼花，20 厚 1：4 干硬水泥砂浆结合层，20 厚多种颜色花岗岩石材	m²	8.04

第二节　墙、柱面装饰与隔断、幕墙工程

一、清单工程量计算有关问题说明

（一）墙、柱面装饰与隔断、幕墙工程量清单项目的划分与编码

1. 清单项目的划分

墙、柱面装饰与
隔断、幕墙工程

墙面抹灰（包括墙面一般抹灰、墙面装饰抹灰、墙面勾缝、立面砂浆找平层）
柱（梁）面抹灰（包括柱、梁面一般抹灰、装饰抹灰、砂浆找平、柱面勾缝）
零星抹灰（包括零星项目一般抹灰、装饰抹灰、砂浆找平）
墙面块料面层（包括石材、拼碎石材、块料墙面、干挂石材钢骨架）
柱（梁）面镶贴块料（包括石材、块料、拼碎块柱面、石材、块料梁面）
镶贴零星块料（包括石材、块料、拼碎块零星项目）
墙饰面（包括墙面装饰板、墙面装饰浮雕）
柱（梁）饰面（包括柱（梁）面装饰、成品装饰柱）
幕墙工程（包括带骨架、全玻（无框玻璃）幕墙）
隔断（包括木、金属、玻璃、塑料、成品、其他隔断）

2. 清单项目的编码

一级编码 01；二级编码 12（《房屋建筑与装饰工程工程量计算规范》附录 M，墙、柱面装饰与隔断、幕墙工程）；三级编码从 01～10（从墙面抹灰至隔断共 10 个项目）；四级编码自 001 始，根据各分部不同的清单项目分别编码列项；同一个工程中墙面若采用一般抹灰，所用的砂浆种类，既有水泥砂浆，又有混合砂浆，则第五级编码应分别设置。

（二）清单工程量计算有关问题说明

1. 有关项目列项问题说明

（1）一般抹灰包括：石灰砂浆、水泥混合砂浆、水泥砂浆、聚合物水泥砂浆、膨胀珍珠岩水泥砂浆和麻刀石灰浆、石膏灰浆等。

（2）装饰抹灰包括：水刷石、水磨石、斩假石、干粘石、假面砖、拉条灰、拉毛灰、甩毛灰、扒拉石、喷毛石、喷涂、喷砂、滚涂、弹涂等。

（3）零星抹灰和镶贴零星块料面层项目适用于小面积（0.5m²）以内少量分散的抹灰和块料面层。

（4）设置在隔断、幕墙上的门窗，可包括在隔墙、幕墙项目报价内，也可单独编码列项，并在清单项目中进行描述。

2. 有关项目特征说明

（1）墙体类型指砖墙、石墙、混凝土墙、砌块墙以及内墙、外墙等。

（2）底层、面层的厚度应根据设计规定（一般采用标准设计图）确定。

（3）勾缝类型指清水砖墙、砖柱的加浆勾缝（平缝或凹缝），石墙、石柱的勾缝（如：平缝、平凹缝、平凸缝、半圆凹缝、半圆凸缝和三角凸缝等）。

（4）嵌缝材料指嵌缝砂浆、嵌缝油膏、密封胶封水材料等。

（5）防护材料指石材等防碱背涂处理剂和面层防酸涂剂等。

（6）基层材料指面层内的底板材料，如：木墙裙、木护墙、木板隔墙等，在龙骨上，粘贴或铺钉一层加强面层的底板。

3. 有关工程量计算说明

（1）墙面抹灰不扣除与构件交接处的面积，是指墙与梁的交接处所占面积，不包括墙与楼板的交接。

（2）外墙裙抹灰面积，按其长度乘以高度计算，是指按外墙裙的长度。

（3）柱的一般抹灰和装饰抹灰及勾缝，以柱断面周长乘以高度计算，柱断面周长是指

116

结构断面周长。

（4）装饰板柱（梁）面按设计图示外围饰面尺寸乘以高度（长度）以面积计算。外围饰面尺寸是饰面的表面尺寸。

（5）带肋全玻璃幕墙是指玻璃幕墙带玻璃肋，玻璃肋的工程量应合并在玻璃幕墙工程量内计算。

4. 有关工程内容说明

（1）"抹面层"是指一般抹灰的普通抹灰（一层底层和一层面层或不分层一遍成活），中级抹灰（一层底层、一层中层和一层面层或一层底层、一层面层），高级抹灰（一层底层、数层中层和一层面层）的面层。

（2）"抹装饰面"是指装饰抹灰（抹底灰、涂刷 108 胶溶液、刮或刷水泥浆液、抹中层、抹装饰面层）的面层。

二、墙、柱面装饰与隔断、幕墙工程工程量计算规则

墙、柱面装饰与隔断、幕墙工程包括墙面抹灰、柱（梁）面抹灰、零星抹灰、墙面块料面层、柱（梁）面镶贴块料、镶贴零星块料、墙饰面、柱（梁）饰面、幕墙工程、隔断等工程。

（一）墙面抹灰（编码：011201）

1. 墙面一般抹灰（项目编码：011201001）

（1）项目特征：墙体类型；底层厚度、砂浆配合比；面层厚度、砂浆配合比；装饰面材料种类；分格缝宽度、材料种类。

（2）工程量计算规则：按设计图示尺寸以面积计算。扣除墙裙、门窗洞口及单个 $>0.3m^2$ 的孔洞面积，不扣除踢脚线、挂镜线和墙与构件交接处的面积，门窗洞口和孔洞的侧壁及顶面不增加面积。附墙柱、梁、垛、烟囱侧壁并入相应的墙面面积内。

① 外墙抹灰面积按外墙垂直投影面积计算。

② 外墙裙抹灰面积按其长度乘以高度计算。

③ 内墙抹灰面积按主墙间的净长乘以高度计算。其中，无墙裙的，高度按室内楼地面至天棚底面计算；有墙裙的，高度按墙裙顶至天棚底面计算；有吊顶天棚抹灰，高度算至天棚底。

④ 内墙裙抹灰面按内墙净长乘以高度计算。

（3）工程内容：基层清理；砂浆制作、运输；底层抹灰；抹面层；抹装饰面；勾分格缝。

2. 墙面装饰抹灰（项目编码：011201002）

（1）项目特征：墙体类型；底层厚度、砂浆配合比；面层厚度、砂浆配合比；装饰面材料种类；分格缝宽度、材料种类。

（2）工程量计算规则：按设计图示尺寸以面积计算。扣除墙裙、门窗洞口及单个 $>0.3m^2$ 的孔洞面积，不扣除踢脚线、挂镜线和墙与构件交接处的面积，门窗洞口和孔洞的侧壁及顶面不增加面积。附墙柱、梁、垛、烟囱侧壁并入相应的墙面面积内。

① 外墙抹灰面积按外墙垂直投影面积计算。

② 外墙裙抹灰面积按其长度乘以高度计算。

③ 内墙抹灰面积按主墙间的净长乘以高度计算。其中，无墙裙的，高度按室内楼地面至天棚底面计算；有墙裙的，高度按墙裙顶至天棚底面计算；有吊顶天棚抹灰，高度算至天棚底。

④ 内墙裙抹灰面按内墙净长乘以高度计算。

（3）工程内容：基层清理；砂浆制作、运输；底层抹灰；抹面层；抹装饰面；勾分格缝。

3. 墙面勾缝（项目编码：011201003）

（1）项目特征：墙体类型；找平的砂浆厚度、配合比。

（2）工程量计算规则：按设计图示尺寸以面积计算。扣除墙裙、门窗洞口及单个 >0.3m² 的孔洞面积，不扣除踢脚线、挂镜线和墙与构件交接处的面积，门窗洞口和孔洞的侧壁及顶面不增加面积。附墙柱、梁、垛、烟囱侧壁并入相应的墙面面积内。

① 外墙抹灰面积按外墙垂直投影面积计算。

② 外墙裙抹灰面积按其长度乘以高度计算。

③ 内墙抹灰面积按主墙间的净长乘以高度计算。其中，无墙裙的，高度按室内楼地面至天棚底面计算；有墙裙的，高度按墙裙顶至天棚底面计算；有吊顶天棚抹灰，高度算至天棚底。

④ 内墙裙抹灰面按内墙净长乘以高度计算。

（3）工程内容：基层清理；砂浆制作、运输；抹灰找平。

4. 立面砂浆找平层（项目编码：011201004）

（1）项目特征：墙体类型；勾缝材料种类。

（2）工程量计算规则：按设计图示尺寸以面积计算。扣除墙裙、门窗洞口及单个 >0.3m² 的孔洞面积，不扣除踢脚线、挂镜线和墙与构件交接处的面积，门窗洞口和孔洞的侧壁及顶面不增加面积。附墙柱、梁、垛、烟囱侧壁并入相应的墙面面积内。

① 外墙抹灰面积按外墙垂直投影面积计算。

② 外墙裙抹灰面积按其长度乘以高度计算。

③ 内墙抹灰面积按主墙间的净长乘以高度计算。其中，无墙裙的，高度按室内楼地面至天棚底面计算；有墙裙的，高度按墙裙顶至天棚底面计算；有吊顶天棚抹灰，高度算至天棚底。

④ 内墙裙抹灰面按内墙净长乘以高度计算。

（3）工程内容：基层清理；砂浆制作、运输；勾缝。

（二）柱（梁）面抹灰（编码：011202）

1. 柱、梁面一般抹灰（项目编码：011202001）

（1）项目特征：柱体类型；底层厚度、砂浆配合比；面层厚度、砂浆配合比；装饰面材料种类；分格缝宽度、材料种类。

（2）工程量计算规则：柱面抹灰：按设计图示柱断面周长乘高度以面积计算；梁面抹灰：按设计图示梁断面周长乘长度以面积计算。

（3）工程内容：基层清理；砂浆制作、运输；底层抹灰；抹面层；勾分格缝。

2. 柱、梁面装饰抹灰（项目编码：011202002）

（1）项目特征：柱体类型；底层厚度、砂浆配合比；面层厚度、砂浆配合比；装饰面材料种类；分格缝宽度、材料种类。

（2）工程量计算规则：柱面抹灰：按设计图示柱断面周长乘高度以面积计算；梁面抹灰：按设计图示梁断面周长乘长度以面积计算。

（3）工程内容：基层清理；砂浆制作、运输；底层抹灰；抹面层；勾分格缝。

3. 柱、梁面砂浆找平（项目编码：011202003）

（1）项目特征：柱体类型；找平的砂浆厚度、配合比。

（2）工程量计算规则：柱面抹灰：按设计图示柱断面周长乘高度以面积计算；梁面抹灰：按设计图示梁断面周长乘长度以面积计算。

（3）工程内容：基层清理；砂浆制作、运输；抹灰找平。

4. 柱、梁面勾缝（项目编码：011202004）

（1）项目特征：勾缝类型；勾缝材料种类。

（2）工程量计算规则：按设计图示柱断面周长乘高度以面积计算。

（3）工程内容：基层清理；砂浆制作、运输；勾缝。

（三）零星抹灰（编码：011203）

1. 零星项目一般抹灰（项目编码：011203001）

（1）项目特征：墙体类型；底层厚度、砂浆配合比；面层厚度、砂浆配合比；装饰面材料种类；分格缝宽度、材料种类。

（2）工程量计算规则：按设计图示尺寸以面积计算。

（3）工程内容：基层清理；砂浆制作、运输；底层抹灰；抹面层；抹装饰面；勾分格缝。

2. 零星项目装饰抹灰（项目编码：011203002）

（1）项目特征：墙体类型；底层厚度、砂浆配合比；面层厚度、砂浆配合比；装饰面材料种类；分格缝宽度、材料种类。

（2）工程量计算规则：按设计图示尺寸以面积计算。

（3）工程内容：基层清理；砂浆制作、运输；底层抹灰；抹面层；抹装饰面；勾分格缝。

3. 零星项目砂浆找平（项目编码：011203003）

（1）项目特征：基层类型；找平的砂浆厚度、配合比。

（2）工程量计算规则：按设计图示尺寸以面积计算。

（3）工程内容：基层清理；砂浆制作、运输；抹灰找平。

（四）墙面块料面层（编码：011204）

1. 石材墙面（项目编码：011204001）

（1）项目特征：墙体类型；安装方式；面层材料品种、规格、颜色；缝宽、嵌缝材料种类；防护材料种类；磨光、酸洗、打蜡要求。

（2）工程量计算规则：按镶贴表面积计算。

（3）工程内容：基层清理；砂浆制作、运输；粘结层铺贴；面层安装；嵌缝；刷防护材料；磨光、酸洗、打蜡。

2. 拼碎石材墙面（项目编码：011204002）

（1）项目特征：墙体类型；安装方式；面层材料品种、规格、颜色；缝宽、嵌缝材料种类；防护材料种类；磨光、酸洗、打蜡要求。

（2）工程量计算规则：按镶贴表面积计算。

（3）工程内容：基层清理；砂浆制作、运输；粘结层铺贴；面层安装；嵌缝；刷防护材料；磨光、酸洗、打蜡。

3. 块料墙面（项目编码：011204003）

（1）项目特征：墙体类型；安装方式；面层材料品种、规格、颜色；缝宽、嵌缝材料种类；防护材料种类；磨光、酸洗、打蜡要求。

（2）工程量计算规则：按镶贴表面积计算。

（3）工程内容：基层清理；砂浆制作、运输；粘结层铺贴；面层安装；嵌缝；刷防护材料；磨光、酸洗、打蜡。

4. 干挂石材钢骨架（项目编码：011204004）

（1）项目特征：骨架种类、规格；防锈漆品种遍数。

（2）工程量计算规则：按设计图示以质量计算。

（3）工程内容：骨架制作、运输、安装；刷漆。

（五）柱（梁）面镶贴块料（编码：011205）

1. 石材柱面（项目编码：011205001）

（1）项目特征：柱截面类型、尺寸；安装方式；面层材料品种、规格、颜色；缝宽、嵌缝材料种类；防护材料种类；磨光、酸洗、打蜡要求。

（2）工程量计算规则：按镶贴表面积计算。

（3）工程内容：基层清理；砂浆制作、运输；粘结层铺贴；面层安装；嵌缝；刷防护材料；磨光、酸洗、打蜡。

2. 块料柱面（项目编码：011205002）

（1）项目特征：柱截面类型、尺寸；安装方式；面层材料品种、规格、颜色；缝宽、嵌缝材料种类；防护材料种类；磨光、酸洗、打蜡要求。

（2）工程量计算规则：按镶贴表面积计算。

（3）工程内容：基层清理；砂浆制作、运输；粘结层铺贴；面层安装；嵌缝；刷防护材料；磨光、酸洗、打蜡。

3. 拼碎块柱面（项目编码：011205003）

（1）项目特征：柱截面类型、尺寸；安装方式；面层材料品种、规格、颜色；缝宽、嵌缝材料种类；防护材料种类；磨光、酸洗、打蜡要求。

（2）工程量计算规则：按镶贴表面积计算。

（3）工程内容：基层清理；砂浆制作、运输；粘结层铺贴；面层安装；嵌缝；刷防护材料；磨光、酸洗、打蜡。

4. 石材梁面（项目编码：011205004）

（1）项目特征：安装方式；面层材料品种、规格、颜色；缝宽、嵌缝材料种类；防护材料种类；磨光、酸洗、打蜡要求。

（2）工程量计算规则：按镶贴表面积计算。

（3）工程内容：基层清理；砂浆制作、运输；粘结层铺贴；面层安装；嵌缝；刷防护材料；磨光、酸洗、打蜡。

5. 块料梁面（项目编码：011205005）

（1）项目特征：安装方式；面层材料品种、规格、颜色；缝宽、嵌缝材料种类；防护材料种类；磨光、酸洗、打蜡要求。

（2）工程量计算规则：按镶贴表面积计算。

（3）工程内容：基层清理；砂浆制作、运输；粘结层铺贴；面层安装；嵌缝；刷防护材料；磨光、酸洗、打蜡。

（六）镶贴零星块料（编码：011206）

1. 石材零星项目（项目编码：011206001）

（1）项目特征：基层类型、部位；安装方式；面层材料品种、规格、颜色；缝宽、嵌缝材料种类；防护材料种类；磨光、酸洗、打蜡要求。

（2）工程量计算规则：按镶贴表面积计算。

（3）工程内容：基层清理；砂浆制作、运输；面层安装；嵌缝；刷防护材料；磨光、酸洗、打蜡。

2. 块料零星项目（项目编码：011206002）

（1）项目特征：基层类型、部位；安装方式；面层材料品种、规格、颜色；缝宽、嵌缝材料种类；防护材料种类；磨光、酸洗、打蜡要求。

（2）工程量计算规则：按镶贴表面积计算。

（3）工程内容：基层清理；砂浆制作、运输；面层安装；嵌缝；刷防护材料；磨光、酸洗、打蜡。

3. 拼碎块零星项目（项目编码：011206003）

（1）项目特征：基层类型、部位；安装方式；面层材料品种、规格、颜色；缝宽、嵌缝材料种类；防护材料种类；磨光、酸洗、打蜡要求。

（2）工程量计算规则：按镶贴表面积计算。

（3）工程内容：基层清理；砂浆制作、运输；面层安装；嵌缝；刷防护材料；磨光、酸洗、打蜡。

（七）墙饰面（编码：011207）

1. 墙面装饰板（项目编码：011207001）

（1）项目特征：龙骨材料种类、规格、中距；隔离层材料种类、规格；基层材料种类、规格；面层材料品种、规格、颜色；压条材料种类、规格。

（2）工程量计算规则：按设计图示墙净长乘净高以面积计算。扣除门窗洞口及单个>0.3m² 的孔洞所占面积。

（3）工程内容：基层清理；龙骨制作、运输、安装；钉隔离层；基层铺钉；面层铺贴。

2. 墙面装饰浮雕（项目编码：011207002）

（1）项目特征：基层类型；浮雕材料种类；浮雕样式。

（2）工程量计算规则：按设计图示尺寸以面积计算。

（3）工程内容：基层清理；材料制作、运输；安装成型。

（八）柱（梁）饰面（编码：011208）

1. 柱（梁）面装饰（项目编码：011208001）

（1）项目特征：龙骨材料种类、规格、中距；隔离层材料种类；基层材料种类、规格；

面层材料品种、规格、颜色；压条材料种类、规格。

（2）工程量计算规则：按设计图示饰面外围尺寸以面积计算。柱帽、柱墩并入相应柱饰面工程量内。

（3）工程内容：清理基层；龙骨制作、运输、安装；钉隔离层；基层铺钉；面层铺贴。

2. 成品装饰柱（项目编码：011208002）

（1）项目特征：柱截面、高度尺寸；柱材质。

（2）工程量计算规则：以根计算，按设计数量计算；以米计算，按设计长度计算。

（3）工程内容：柱运输、固定、安装。

（九）幕墙工程（编码：011209）

1. 带骨架幕墙（项目编码：011209001）

（1）项目特征：骨架材料种类、规格、中距；面层材料品种、规格、颜色；面层固定方式；隔离带、框边封闭材料品种、规格；嵌缝、塞口材料种类。

（2）工程量计算规则：按设计图示框外围尺寸以面积计算。与幕墙同种材质的窗所占面积不扣除。

（3）工程内容：骨架制作、运输、安装；面层安装；隔离带、框边封闭；嵌缝、塞口；清洗。

2. 全玻（无框玻璃）幕墙（项目编码：011209002）

（1）项目特征：玻璃品种、规格、颜色；粘结塞口材料种类；固定方式。

（2）工程量计算规则：按设计图示尺寸以面积计算。带肋全玻幕墙按展开面积计算。

（3）工程内容：幕墙安装；嵌缝、塞口；清洗。

（十）隔断（编码：011210）

1. 木隔断（项目编码：011210001）

（1）项目特征：骨架、边框材料种类、规格；隔板材料品种、规格、颜色；嵌缝、塞口材料品种；压条材料种类。

（2）工程量计算规则：按设计图示框外围尺寸以面积计算。不扣除单个 $\leq 0.3 m^2$ 的孔洞所占面积；浴厕门的材质与隔断相同时，门的面积并入隔断面积内。

（3）工程内容：骨架及边框制作、运输、安装；隔板制作、运输、安装；嵌缝、塞口；装钉压条。

2. 金属隔断（项目编码：011210002）

（1）项目特征：骨架、边框材料种类、规格；隔板材料品种、规格、颜色；嵌缝、塞口材料品种。

（2）工程量计算规则：按设计图示框外围尺寸以面积计算。不扣除单个 $\leq 0.3 m^2$ 的孔洞所占面积；浴厕门的材质与隔断相同时，门的面积并入隔断面积内。

（3）工程内容：骨架及边框制作、运输、安装；隔板制作、运输、安装；嵌缝、塞口。

3. 玻璃隔断（项目编码：011210003）

（1）项目特征：边框材料种类、规格；玻璃品种、规格、颜色；嵌缝、塞口材料品种。

（2）工程量计算规则：按设计图示框外围尺寸以面积计算。不扣除单个 $\leq 0.3 m^2$ 的孔洞所占面积。

（3）工程内容：边框制作、运输、安装；玻璃制作、运输、安装；嵌缝、塞口。

4. 塑料隔断（项目编码：011210004）

（1）项目特征：边框材料种类、规格；隔板材料品种、规格、颜色；嵌缝、塞口材料品种。

（2）工程量计算规则：按设计图示框外围尺寸以面积计算。不扣除单个≤0.3m² 的孔洞所占面积。

（3）工程内容：骨架及边框制作、运输、安装；隔板制作、运输、安装；嵌缝、塞口。

5. 成品隔断（项目编码：011210005）

（1）项目特征：隔断材料品种、规格、颜色；配件品种、规格。

（2）工程量计算规则：以平方米计量，按设计图示框外围尺寸以面积计算；以间计量，按设计间的数量计算。

（3）工程内容：隔断运输、安装；嵌缝、塞口。

6. 其他隔断（项目编码：011210006）

（1）项目特征：骨架、边框材料种类、规格；隔板材料品种、规格、颜色；嵌缝、塞口材料品种。

（2）工程量计算规则：按设计图示框外围尺寸以面积计算。不扣除单个≤0.3m² 的孔洞所占面积。

（3）工程内容：骨架及边框安装；隔板安装；嵌缝、塞口。

三、墙、柱面清单工程量计算案例

【例6-6】 某工程如图6-6所示，室内墙面抹1∶2 水泥砂浆底，1∶3 石灰砂浆找平层，麻刀石灰浆面层，共20mm 厚。室内墙裙采用1∶3 水泥砂浆打底（19mm 厚），1∶2.5 水泥砂浆面层（6mm 厚），计算室内墙面一般抹灰和室内墙裙工程量。

门（M）：1000mm ×2700mm 共3 个

窗（C）：1500mm ×1800mm 共4 个

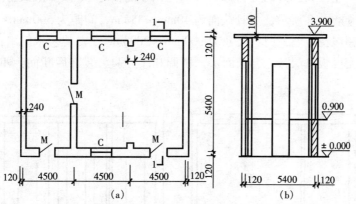

图6-6 某工程示意图

（a）平面图；（b）1—1 剖面图

【解】 （1）查项目编码011201001，墙面一般抹灰工程量计算如下：

计算公式：

室内墙面抹灰工程量 = 主墙间净长度×墙面高度 − 门窗等面积 + 垛的侧面抹灰面积

123

室内墙面一般抹灰工程量 = $[(4.50 \times 3 - 0.24 \times 2 + 0.12 \times 2) \times 2 + (5.40 - 0.24) \times 4] \times$ $(3.90 - 0.10 - 0.90) - 1.00 \times (2.70 - 0.90) \times 4 - 1.50 \times 1.80 \times 4 = 118.76(\text{m}^2)$

（2）查项目编码011201001，墙面一般抹灰工程量计算如下：

计算公式：

室内墙裙抹灰工程量 = 主墙间净长度 × 墙裙高度 - 门窗所占面积 + 垛的侧面抹灰面积

室内墙裙工程量 = $[(4.50 \times 3 - 0.24 \times 2 + 0.12 \times 2) \times 2 + (5.40 - 0.24) \times 4 - 1.00 \times 4] \times 0.90 = 38.84$ （m²）

【例6-7】 某变电室，外墙面尺寸如图6-7所示。M：1500mm × 2000mm；C1：1500mm × 1500mm；C2：1200mm × 800mm；门窗侧面宽度100mm；外墙水泥砂浆粘贴规格194mm × 941mm 瓷质外墙砖，灰缝5mm，计算工程量。

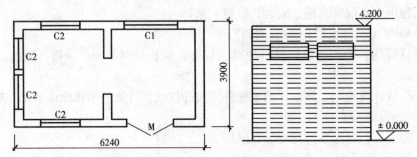

图6-7 某变电室示意图

【解】 查项目编码011204003，块料墙面工程量计算如下：

计算公式：

$$块料墙面工程量 = 按设计图示尺寸展开面积计算$$

外墙面砖工程量 = $(6.24 + 3.90) \times 2 \times 4.20 - (1.50 \times 2.00) - (1.50 \times 1.50) - (1.20 \times 0.80) \times 4 + [1.50 + 2.00 \times 2 + 1.50 \times 4 + (1.20 + 0.80) \times 2 \times 4] \times 0.10 = 78.84(\text{m}^2)$

【例6-8】 如图6-8所示，龙骨截面为40mm × 35mm，间距为500mm × 1000mm的玻璃木隔断，木压条镶嵌花玻璃，门口尺寸为900mm × 2000mm，安装艺术门扇；钢筋混凝土柱面钉木龙骨，中密度板基层，三合板面层，刷调和漆三遍，装饰后断面为400mm × 400mm，计算工程量。

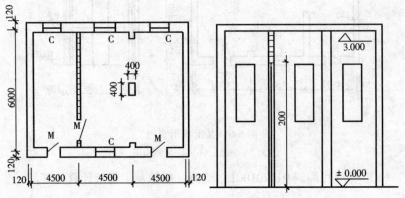

图6-8 室内装饰示意图

124

【解】 （1）查项目编码011210001，隔断工程量计算如下：

计算公式：

木间壁、隔断工程量 = 图示长度 × 高度 − 不同材质门窗面积

间壁墙工程量 = (6.00 − 0.24) × 3.0 − 0.9 × 2.0 = 15.48(m²)

（2）查项目编码011208001，柱面装饰工程量计算如下：

计算公式：

柱面装饰板工程量 = 柱饰面外围周长 × 装饰高度 + 柱帽、柱墩面积

柱面工程量 = 0.40 × 4 × 3 = 4.80（m²）

【例6-9】 如图6-9所示，该楼面在混合砂浆找平层上二次装修，计算墙饰画的工程量。

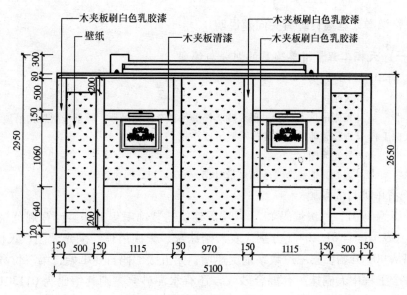

图6-9 室内立面图

【解】 根据墙饰面工程量计算规则，计算如下：

（1）壁纸饰面工程

$S = (2.65 − 0.12 − 0.2 × 2 − 0.08) × (0.5 + 0.5) + 2.65 × 0.97 + 1.06 × 1.115 × 2$

$= 6.98(m²)$

（2）乳胶漆饰面工程

$S = 2.65 × 0.15 × 6 + (0.64 + 0.12 + 0.5 − 0.08) × 1.115 × 2$

$+ (0.2 × 2 + 0.12 + 0.08) × 0.5 × 2 = 5.62(m²)$

（3）清漆饰面工程

$S = 1.115 × 0.15 × 2 = 0.33（m²）$

本例工程量清单见表6-2。

表 6-2 工程量清单

项目编码	项目名称	项目特征描述	计量单位	工程量
011207001001		壁纸饰面 9 厘夹板基层，暗花 PVC 壁纸，25 宽实木线条压条	m²	6.98
011207001002	装板墙面	乳胶漆饰面，9 厘夹板基层，两遍白色乳胶漆，25 宽实木线条压条	m²	5.62
011207001003		清漆饰面，9 厘夹板基层，红影木夹板罩面，两遍清漆，25 宽实木线条压条	m²	0.33

第三节 天 棚 工 程

一、清单工程量计算有关问题说明

（一）天棚工程量清单项目的划分与编码

1. 清单项目的划分

天棚工程 ｛ 天棚抹灰
天棚吊顶（包括吊顶天棚、格栅吊顶、吊筒吊顶、藤条造型悬挂吊顶、织物软雕吊顶、装饰网架吊顶）
采光天棚
天棚其他装饰（包括灯带（槽）、送风口、回风口）

2. 清单项目的编码

一级编码 01；二级编码 13（《房屋建筑与装饰工程工程量计算规范》附录 N，天棚工程）；三级编码自 01～04（分别代表天棚抹灰、天棚吊顶、采光天棚、天棚其他装饰）；四级编码从 001 开始，第三位数字依次递增；第五级编码自 001 始，第三位数字依次递增，比如同一个工程中天棚抹灰有混合砂浆，还有水泥砂浆，则其编码为 011301001001（天棚抹混合砂浆）、011301001002（天棚抹水泥砂浆）。

（二）清单工程量计算有关问题说明

1. 有关项目列项问题说明

（1）天棚的检查孔、天棚内的检修走道、灯槽等应包括在报价内。

（2）天棚吊顶的平面、跌级、锯齿形、阶梯形、吊挂式、藻井式以及矩形、弧形、拱形等应在清单项目中进行描述。

（3）采光天棚骨架不包括在本节中，应单独按《房屋建筑与装饰工程工程量计算规范》附录 F 相关编码列项。

2. 有关项目特征的说明

（1）"天棚抹灰"项目基层类型是指混凝土现浇板、预制混凝土板、木板条等。

（2）龙骨类型指上人或不上人，以及平面、跌级、锯齿形、阶梯形、吊挂式、藻井式及矩形、圆弧形、拱形等类型。

（3）基层材料，指底板或面层背后的加强材料。

（4）龙骨中距，指相邻龙骨中线之间的距离。

（5）天棚面层适用于：石膏板（包括装饰石膏板、纸面石膏板、吸声穿孔石膏板、嵌装式装饰石膏等）、埃特板、装饰吸声罩面板［包括矿棉装饰吸声板、贴塑矿（岩）棉吸声板、膨胀珍珠岩石装饰吸声制品、玻璃棉装饰吸声板等］、塑料装饰罩面板（钙塑泡沫装饰吸声板、聚苯乙烯泡沫塑料装饰吸声板、聚氯乙烯塑料天花板等）、纤维水泥加压板（包括穿孔吸声石棉水泥板、轻质硅酸钙吊顶板等）、金属装饰板（包括铝合金罩面板、金属微孔吸声板、铝合金单体构件等）、木质饰板（胶合板、薄板、板条、水泥木丝板、刨花板等）、玻璃饰面（包括镜面玻璃、镭射玻璃等）。

（6）格栅吊顶面层适用于木格栅、金属格栅、塑料格栅等。

（7）吊筒吊顶适用于木（竹）质吊筒、金属吊筒、塑料吊筒以及圆形、矩形、扁钟形吊筒等。

（8）灯带格栅有不锈钢格栅、铝合金格栅、玻璃类格栅等。

（9）送风口、回风口适用于金属、塑料、木质风口。

3. 有关工程量计算的说明

（1）天棚抹灰与天棚吊顶工程量计算规则有所不同：天棚抹灰不扣除柱垛所占面积；天棚吊顶不扣除柱垛所占面积，但应扣除独立柱所占面积。柱垛是指与墙体相连的柱而突出墙体部分。

（2）天棚吊顶应扣除与天棚吊顶相连的窗帘盒所占的面积。

（3）格栅吊顶、吊筒吊顶、藤条造型悬挂吊顶、织物软雕吊顶、装饰网架吊顶均按设计图示的吊顶尺寸水平投影面积计算。

二、天棚工程工程量计算规则

天棚工程包括天棚抹灰、天棚吊顶、采光天棚、天棚其他装饰。

（一）天棚抹灰（编码：011301）

天棚抹灰（项目编码：011301001）

（1）项目特征：基层类型；抹灰厚度、材料种类；砂浆配合比。

（2）工程量计算规则：按设计图示尺寸以水平投影面积计算。不扣除间壁墙、垛、柱、附墙烟囱、检查口和管道所占的面积，带梁天棚、梁两侧抹灰面积并入天棚面积内，板式楼梯底面抹灰按斜面积计算，锯齿形楼梯底板抹灰按展开面积计算。

（3）工程内容：基层清理；底层抹灰；抹面层。

（二）天棚吊顶（编码：011302）

1. 吊顶天棚（项目编码：011302001）

（1）项目特征：吊顶形式、吊杆规格、高度；龙骨材料种类、规格、中距；基层材料种类、规格；面层材料品种、规格；压条材料种类、规格；嵌缝材料种类；防护材料种类。

（2）工程量计算规则：按设计图示尺寸以水平投影面积计算。天棚面中的灯槽及跌级、锯齿形、吊挂式、藻井式天棚面积不展开计算。不扣除间壁墙、检查口、附墙烟囱、柱垛和管道所占面积，扣除单个 >0.3m² 的孔洞、独立柱及与天棚相连的窗帘盒所占的面积。

（3）工程内容：基层清理、吊杆安装；龙骨安装；基层板铺贴；面层铺贴；嵌缝；刷防护材料。

2. 格栅吊顶（项目编码：011302002）

（1）项目特征：龙骨材料种类、规格、中距；基层材料种类、规格；面层材料品种、规格；防护材料种类。

（2）工程量计算规则：按设计图示尺寸以水平投影面积计算。

（3）工程内容：基层清理；安装龙骨；基层板铺贴；面层铺贴；刷防护材料。

3. 吊筒吊顶（项目编码：011302003）

（1）项目特征：吊筒形状、规格；吊筒材料种类；防护材料种类。

（2）工程量计算规则：按设计图示尺寸以水平投影面积计算。

（3）工程内容：基层清理；吊筒制作安装；刷防护材料。

4. 藤条造型悬挂吊顶（项目编码：011302004）

（1）项目特征：骨架材料种类、规格；面层材料品种、规格。

（2）工程量计算规则：按设计图示尺寸以水平投影面积计算。

（3）工程内容：基层清理；龙骨安装；铺贴面层。

5. 织物软雕吊顶（项目编码：011302005）

（1）项目特征：骨架材料种类、规格；面层材料品种、规格。

（2）工程量计算规则：按设计图示尺寸以水平投影面积计算。

（3）工程内容：基层清理；龙骨安装；铺贴面层。

6. 装饰网架吊顶（项目编码：011302006）

（1）项目特征：网架材料品种、规格。

（2）工程量计算规则：按设计图示尺寸以水平投影面积计算。

（3）工程内容：基层清理；网架制作安装。

（三）采光天棚（编码：011303）

采光天棚（项目编码：011303001）

（1）项目特征：骨架类型；固定类型、固定材料品种、规格；面层材料品种、规格；嵌缝、塞口材料种类。

（2）工程量计算规则：按框外围展开面积计算。

（3）工程内容：清理基层；面层制安；嵌缝、塞口；清洗。

（四）天棚其他装饰（编码：011304）

1. 灯带（槽）（项目编码：011304001）

（1）项目特征：灯带型式、尺寸；格栅片材料品种、规格；安装固定方式。

（2）工程量计算规则：按设计图示尺寸以框外围面积计算。

（3）工程内容：安装、固定。

2. 送风口、回风口（项目编码：011304002）

（1）项目特征：风口材料品种、规格；安装固定方式；防护材料种类。

（2）工程量计算规则：按设计图示数量计算。

（3）工程内容：安装、固定；刷防护材料。

三、天棚清单工程量计算案例

【例 6-10】 工程现浇井字梁天棚如图 6-10 所示，麻刀石灰浆面层，计算工程量。

【解】 查项目编码 011301001，天棚抹灰工程量计算如下：

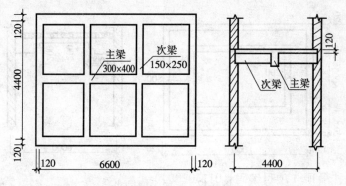

图 6-10　现浇井字梁天棚

计算公式：

　　　　天棚抹灰工程量 = 主墙间的净长度 × 主墙间的净宽度 + 梁侧面面积

天棚抹灰工程量 = (6.60 - 0.24) × (4.40 - 0.24) + (0.40 - 0.12) × (6.6 - 0.24) × 2

　　　　　　　　 + (0.25 - 0.12) × (4.4 - 0.24 - 0.15 × 2) × 2 × 2 - (0.25 - 0.12) × 0.15 × 4

　　　　　　　　 = 31.95(m²)

【例 6-11】　预制钢筋混凝土板底吊不上人型装配式 U 形轻钢龙骨，间距 450mm × 450mm，龙骨上铺钉中密度板，面层粘贴 6m 厚铝塑板，尺寸如图 6-11 所示，计算天棚吊顶工程量。

【解】　查项目编码 011302001，天棚吊顶工程量计算如下：

计算公式：

天棚吊顶工程量 = 主墙间的净长度 × 主墙间的净宽度 - 独立柱及相连窗帘盒等所占面积

天棚吊顶工程量 = (12 - 0.24) × (6 - 0.24) - 0.30 × 0.30 = 67.65(m²)

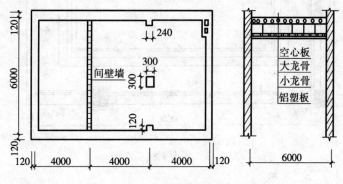

图 6-11　U 形轻钢龙骨

【例 6-12】　某三级天棚尺寸如图 6-12 所示，钢筋混凝土板下吊双层楞木，面层为塑料板，计算天棚工程量。

【解】　查项目编码 011302001，天棚吊顶工程量计算如下：

计算公式：

天棚吊顶工程量 = 主墙间的净长度 × 主墙间的净宽度 - 独立柱及相连窗帘盒等所占面积

天棚吊顶工程量 = (8.00 - 0.24) × (6.00 - 0.24) = 44.70(m²)

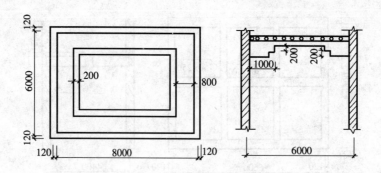

图 6-12　三级天棚尺寸

【例 6-13】　如图 6-13 所示，该天棚采用 U 形轻钢单层龙骨吊顶，龙骨间距 600mm，纸面石膏板罩面，刷两遍乳胶漆，天棚形式为二级，计算天棚的工程量。

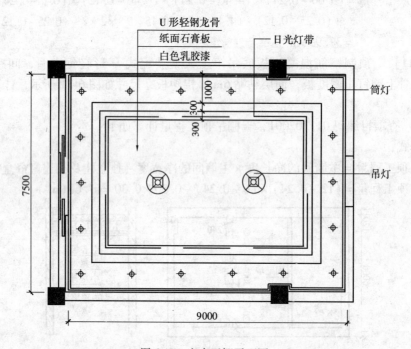

图 6-13　室内天棚平面图

【解】　根据天棚工程量计算规则，计算如下：

（1）灯带分项工程工程量：

$$L_{\text{中}} = \left[7.5 - 2 \times (1.0 + 0.3 + 0.15)\right] \times 2 + \left[9.0 - 2 \times (1.0 + 0.3 + 0.15)\right] \times 2 = 21.4(\text{m})$$

$$S_1 = L_{\text{中}} \times b = 21.4 \times 0.3 = 6.42 \ (\text{m}^2)$$

（2）天棚吊顶分项工程工程量：

$$S_2 = \text{天棚水平投影面积} - \text{扣除部分面积} = 9 \times 7.5 - 6.42 = 61.08 \ (\text{m}^2)$$

本例工程量清单见表 6 - 3。

表 6-13 工 程 量 清 单

项 目 编 码	项目名称	项目特征描述	计量单位	工程量
011302001001	吊顶天棚	吊顶天棚二级吊顶，U 形轻钢单层龙骨吊顶，龙骨间距 600mm，纸面石膏板罩面，刷两遍乳胶漆	m²	61.08
011304001001	灯带（槽）	日光灯带 300mm 宽，格栅片为蓝色有机板，螺钉固定	m²	6.42

第四节　油漆、涂料、裱糊工程

一、清单工程量计算有关问题说明

（一）油漆、涂料、裱糊工程量清单项目的划分与编码

1. 清单项目的划分

油漆、涂料、裱糊工程

> 门油漆（包括木门油漆、金属门油漆）
> 窗油漆（包括木窗油漆、金属窗油漆）
> 木扶手及其他板条、线条油漆（包括木扶手油漆，窗帘盒油漆，封檐板、顺水板油漆，挂衣板、黑板框油漆，挂镜线、窗帘棍、单独木线油漆）
> 木材面油漆（包括木护墙、木墙裙油漆，窗台板、筒子板、盖板、门窗套、踢脚线油漆，清水板条天棚、檐口油漆，木方格吊顶天棚油漆，吸声板墙面、天棚面油漆，暖气罩油漆，其他木材面、木间壁、木隔断油漆，玻璃间壁露明墙筋油漆，木栅栏、木栏杆（带扶手）油漆，衣柜、壁柜油漆，梁柱饰面油漆，零星木装修油漆，木地板油漆，木地板烫硬蜡面）
> 金属面油漆
> 抹灰面油漆（包括抹灰面油漆、抹灰线条油漆、满刮腻子）
> 喷刷涂料（包括墙面喷刷涂料，天棚喷刷涂料，空花格、栏杆刷涂料，线条刷涂料，金属构件刷防火涂料，木材构件喷刷防火涂料）
> 裱糊（包括墙纸裱糊、织锦缎裱糊）

2. 清单项目的编码

一级编码 01；二级编码 14（《房屋建筑与装饰工程工程量计算规范》附录 P，油漆、涂料、裱糊工程）；三级编码自 01～08（包括门油漆至裱糊九个分部）；四级编码从 001 始，根据每个分部内包含的清单项目多少，第三位数字依次递增；五级编码自 001 始。

（二）清单工程量计算有关问题说明

1. 有关项目列项问题说明

（1）有关项目中已包括油漆、涂料的不再单独列项。

（2）连窗门可按门油漆项目编码列项。

（3）木扶手应区分带托板与不带托板，分别编码（第五级编码）列项。

2. 有关工程特征的说明

（1）门类型应分镶板门、木板门、胶合板门、装饰实木门、木纱门、木质防火门、连窗门、平开门、推拉门、单扇门、双扇门、带纱门、全玻门（带木扇框）、半玻门、半百叶

门、全百叶门以及带亮子、不带亮子、有门框、无门框和单独门框等油漆。

（2）窗类型应分平开窗、推拉窗、提拉窗、固定窗、空花窗、百叶窗以及单扇窗、双扇窗、多扇窗、单层窗、双层窗、带亮子、不带亮子等。

（3）腻子种类分石膏油腻子（熟桐油、石膏粉、适量水）、胶腻子（大白、色粉、羧甲基纤维素）、漆片腻子（漆片、酒精、石膏粉、适量色粉）、油腻子（矾石粉、桐油、脂肪酸、松香）等。

3. 有关工程量计算的说明

（1）楼梯木扶手工程量按中心线斜长计算，弯头长度应计算在扶手长度内。

（2）挡风板工程量按中心线斜长计算，有大刀头的每个大刀头增加长度50cm。

（3）木护墙、木墙裙油漆按垂直投影面积计算。

（4）台板、筒子板、盖板、门窗套、踢脚线油漆按水平或垂直投影面积（门窗套的贴脸板和筒子板垂直投影面积合并）计算。

（5）清水板条天棚、檐口油漆、木方格吊顶天棚油漆以水平投影面积计算，不扣除空洞面积。

（6）暖气罩油漆，垂直面按垂直投影面积计算，突出墙面的水平面按水平投影面积计算，不扣除空洞面积。

（7）工程量以面积计算的油漆、涂料项目，线角、线条、压条等不展开。

4. 有关工程内容的说明

（1）有线角、线条、压条的油漆、涂料面的工料消耗应包括在报价内。

（2）灰面的油漆、涂料，应注意基层的类型，如：一般抹灰墙柱面与拉条灰、拉毛灰、甩毛灰等油漆、涂料的耗工量与材料消耗量的不同。

（3）空花格、栏杆刷涂料工程量按外框单面垂直投影面积计算，应注意其展开面积，工料消耗应包括在报价内。

（4）刮腻子应注意刮腻子遍数，是满刮，还是找补腻子。

（5）墙纸和织锦缎的裱糊，应注意要求对花还是不对花。

二、油漆、涂料、裱糊工程量计算规则

油漆、涂料、裱糊工程包括门油漆、窗油漆、木扶手及其他板条、线条油漆、木材面油漆、金属面油漆、抹灰面油漆、喷刷涂料、裱糊。适用于门窗油漆、金属、抹灰面油漆工程。

（一）门油漆（编码：011401）

1. 木门油漆（项目编码：011401001）

（1）项目特征：门类型；门代号及洞口尺寸；腻子种类；刮腻子遍数；防护材料种类；油漆品种、刷漆遍数。

（2）工程量计算规则：以樘计量，按设计图示数量计量；以平方米计量，按设计图示洞口尺寸以面积计算。

（3）工程内容：基层清理；刮腻子；刷防护材料、油漆。

2. 金属门油漆（项目编码：011401002）

（1）项目特征：门类型；门代号及洞口尺寸；腻子种类；刮腻子遍数；防护材料种类；

油漆品种、刷漆遍数。

（2）工程量计算规则：以樘计量，按设计图示数量计量；以平方米计量，按设计图示洞口尺寸以面积计算。

（3）工程内容：除锈、基层清理；刮腻子；刷防护材料、油漆。

（二）窗油漆（编码：011402）

1. 木窗油漆（项目编码：011402001）

（1）项目特征：窗类型；窗代号及洞口尺寸；腻子种类；刮腻子遍数；防护材料种类；油漆品种、刷漆遍数。

（2）工程量计算规则：以樘计量，按设计图示数量计量；以平方米计量，按设计图示洞口尺寸以面积计算。

（3）工程内容：基层清理；刮腻子；刷防护材料、油漆。

2. 金属窗油漆（项目编码：011402002）

（1）项目特征：窗类型；窗代号及洞口尺寸；腻子种类；刮腻子遍数；防护材料种类；油漆品种、刷漆遍数。

（2）工程量计算规则：以樘计量，按设计图示数量计量；以平方米计量，按设计图示洞口尺寸以面积计算。

（3）工程内容：除锈、基层清理；刮腻子；刷防护材料、油漆。

（三）木扶手及其他板条、线条油漆（编码：011403）

1. 木扶手油漆（项目编码：011403001）

（1）项目特征：断面尺寸；腻子种类；刮腻子遍数；防护材料种类；油漆品种、刷漆遍数。

（2）工程量计算规则：按设计图示尺寸以长度计算。

（3）工程内容：基层清理；刮腻子；刷防护材料、油漆。

2. 窗帘盒油漆（项目编码：011403002）

（1）项目特征：断面尺寸；腻子种类；刮腻子遍数；防护材料种类；油漆品种、刷漆遍数。

（2）工程量计算规则：按设计图示尺寸以长度计算。

（3）工程内容：基层清理；刮腻子；刷防护材料、油漆。

3. 封檐板、顺水板油漆（项目编码：011403003）

（1）项目特征：断面尺寸；腻子种类；刮腻子遍数；防护材料种类；油漆品种、刷漆遍数。

（2）工程量计算规则：按设计图示尺寸以长度计算。

（3）工程内容：基层清理；刮腻子；刷防护材料、油漆。

4. 挂衣板、黑板框油漆（项目编码：011403004）

（1）项目特征：断面尺寸；腻子种类；刮腻子遍数；防护材料种类；油漆品种、刷漆遍数。

（2）工程量计算规则：按设计图示尺寸以长度计算。

（3）工程内容：基层清理；刮腻子；刷防护材料、油漆。

5. 挂镜线、窗帘棍、单独木线油漆（项目编码：011403005）

（1）项目特征：断面尺寸；腻子种类；刮腻子遍数；防护材料种类；油漆品种、刷漆遍数。

（2）工程量计算规则：按设计图示尺寸以长度计算。

（3）工程内容：基层清理；刮腻子；刷防护材料、油漆。

（四）木材面油漆（编码：011404）

1. 木护墙、木墙裙油漆（项目编码：011404001）

（1）项目特征：腻子种类；刮腻子遍数；防护材料种类；油漆品种、刷漆遍数。

（2）工程量计算规则：按设计图示尺寸以面积计算。

（3）工程内容：基层清理；刮腻子；刷防护材料、油漆。

2. 窗台板、筒子板、盖板、门窗套、踢脚线油漆（项目编码：011404002）

（1）项目特征：腻子种类；刮腻子遍数；防护材料种类；油漆品种、刷漆遍数。

（2）工程量计算规则：按设计图示尺寸以面积计算。

（3）工程内容：基层清理；刮腻子；刷防护材料、油漆。

3. 清水板条天棚、檐口油漆（项目编码：011404003）

（1）项目特征：腻子种类；刮腻子遍数；防护材料种类；油漆品种、刷漆遍数。

（2）工程量计算规则：按设计图示尺寸以面积计算。

（3）工程内容：基层清理；刮腻子；刷防护材料、油漆。

4. 木方格吊顶天棚油漆（项目编码：011404004）

（1）项目特征：腻子种类；刮腻子遍数；防护材料种类；油漆品种、刷漆遍数。

（2）工程量计算规则：按设计图示尺寸以面积计算。

（3）工程内容：基层清理；刮腻子；刷防护材料、油漆。

5. 吸声板墙面、天棚面油漆（项目编码：011404005）

（1）项目特征：腻子种类；刮腻子遍数；防护材料种类；油漆品种、刷漆遍数。

（2）工程量计算规则：按设计图示尺寸以面积计算。

（3）工程内容：基层清理；刮腻子；刷防护材料、油漆。

6. 暖气罩油漆（项目编码：011404006）

（1）项目特征：腻子种类；刮腻子遍数；防护材料种类；油漆品种、刷漆遍数。

（2）工程量计算规则：按设计图示尺寸以面积计算。

（3）工程内容：基层清理；刮腻子；刷防护材料、油漆。

7. 其他木材面（项目编码：011404007）

（1）项目特征：腻子种类；刮腻子遍数；防护材料种类；油漆品种、刷漆遍数。

（2）工程量计算规则：按设计图示尺寸以面积计算。

（3）工程内容：基层清理；刮腻子；刷防护材料、油漆。

8. 木间壁、木隔断油漆（项目编码：011404008）

（1）项目特征：腻子种类；刮腻子遍数；防护材料种类；油漆品种、刷漆遍数。

（2）工程量计算规则：按设计图示尺寸以单面外围面积计算。

（3）工程内容：基层清理；刮腻子；刷防护材料、油漆。

9. 玻璃间壁露明墙筋油漆（项目编码：011404009）

（1）项目特征：腻子种类；刮腻子遍数；防护材料种类；油漆品种、刷漆遍数。

（2）工程量计算规则：按设计图示尺寸以单面外围面积计算。

（3）工程内容：基层清理；刮腻子；刷防护材料、油漆。

10. 木栅栏、木栏杆（带扶手）油漆（项目编码：011404010）

（1）项目特征：腻子种类；刮腻子遍数；防护材料种类；油漆品种、刷漆遍数。

（2）工程量计算规则：按设计图示尺寸以单面外围面积计算。

（3）工程内容：基层清理；刮腻子；刷防护材料、油漆。

11. 衣柜、壁柜油漆（项目编码：011404011）

（1）项目特征：腻子种类；刮腻子遍数；防护材料种类；油漆品种、刷漆遍数。

（2）工程量计算规则：按设计图示尺寸以油漆部分展开面积计算。

（3）工程内容：基层清理；刮腻子；刷防护材料、油漆。

12. 梁柱饰面油漆（项目编码：011404012）

（1）项目特征：腻子种类；刮腻子遍数；防护材料种类；油漆品种、刷漆遍数。

（2）工程量计算规则：按设计图示尺寸以油漆部分展开面积计算。

（3）工程内容：基层清理；刮腻子；刷防护材料、油漆。

13. 零星木装修油漆（项目编码：011404013）

（1）项目特征：腻子种类；刮腻子遍数；防护材料种类；油漆品种、刷漆遍数。

（2）工程量计算规则：按设计图示尺寸以油漆部分展开面积计算。

（3）工程内容：基层清理；刮腻子；刷防护材料、油漆。

14. 木地板油漆（项目编码：011404014）

（1）项目特征：腻子种类；刮腻子遍数；防护材料种类；油漆品种、刷漆遍数。

（2）工程量计算规则：按设计图示尺寸以面积计算空洞、空圈、暖气包槽、壁龛的开口部分并入相应的工程量内。

（3）工程内容：基层清理；刮腻子；刷防护材料、油漆。

15. 木地板烫硬蜡面（项目编码：011404015）

（1）项目特征：硬蜡品种；面层处理要求。

（2）工程量计算规则：按设计图示尺寸以面积计算空洞、空圈、暖气包槽、壁龛的开口部分并入相应的工程量内。

（3）工程内容：基层清理；烫蜡。

（五）金属面油漆（编码：011405）

金属面油漆（项目编码：011405001）

（1）项目特征：构件名称；腻子种类；刮腻子要求；防护材料种类；油漆品种、刷漆遍数。

（2）工程量计算规则：以吨计量，按设计图示尺寸以质量计算；以平方米计量，按设计展开面积计算。

（3）工程内容：基层清理；刮腻子；刷防护材料、油漆。

（六）抹灰面油漆（编码：011406）

1. 抹灰面油漆（项目编码：011406001）

（1）项目特征：基层类型；腻子种类；刮腻子遍数；防护材料种类；油漆品种、刷漆遍数；部位。

（2）工程量计算规则：按设计图示尺寸以面积计算。

（3）工程内容：基层清理；刮腻子；刷防护材料、油漆。

2. 抹灰线条油漆（项目编码：011406002）

（1）项目特征：线条宽度、道数；腻子种类；刮腻子遍数；防护材料种类；油漆品种、刷漆遍数；部位。

（2）工程量计算规则：按设计图示尺寸以长度计算

（3）工程内容：基层清理；刮腻子；刷防护材料、油漆。

3. 满刮腻子（项目编码：011406003）

（1）项目特征：基层类型；腻子种类；刮腻子遍数。

（2）工程量计算规则：按设计图示尺寸以长度计算。

（3）工程内容：基层清理；刮腻子。

（七）喷刷涂料（编码：011407）

1. 墙面喷刷涂料（项目编码：011407001）

（1）项目特征：基层类型；喷刷涂料部位；腻子种类；刮腻子要求；涂料品种、喷刷遍数。

（2）工程量计算规则：按设计图示尺寸以面积计算。

（3）工程内容：基层清理；刮腻子；刷、喷涂料。

2. 天棚喷刷涂料（项目编码：011407002）

（1）项目特征：基层类型；喷刷涂料部位；腻子种类；刮腻子要求；涂料品种、喷刷遍数。

（2）工程量计算规则：按设计图示尺寸以面积计算。

（3）工程内容：基层清理；刮腻子；刷、喷涂料。

3. 空花格、栏杆刷涂料（项目编码：011407003）

（1）项目特征：腻子种类；刮腻子遍数；涂料品种、刷喷遍数。

（2）工程量计算规则：按设计图示尺寸以单面外围面积计算。

（3）工程内容：基层清理；刮腻子；刷、喷涂料。

4. 线条刷涂料（项目编码：011407004）

（1）项目特征：基层清理；线条宽度；刮腻子遍数；刷防护材料、油漆。

（2）工程量计算规则：按设计图示尺寸以长度计算。

（3）工程内容：基层清理；刮腻子；刷、喷涂料。

5. 金属构件刷防火涂料（项目编码：011407005）

（1）项目特征：喷刷防火涂料构件名称；防火等级要求；涂料品种、喷刷遍数。

（2）工程量计算规则：以吨计量，按设计图示尺寸以质量计算；以平方米计量，按设计展开面积计算。

（3）工程内容：基层清理；刷防护材料、油漆。

6. 木材构件喷刷防火涂料（项目编码：011407006）

（1）项目特征：喷刷防火涂料构件名称；防火等级要求；涂料品种、喷刷遍数。

（2）工程量计算规则：以平方米计量，按设计图示尺寸以面积计算。

（3）工程内容：基层清理；刷防火材料。

（八）裱糊（编码：011408）

1. 墙纸裱糊（项目编码：011408001）

（1）项目特征：基层类型；裱糊部位；腻子种类；刮腻子遍数；粘结材料种类；防护材料种类；面层材料品种、规格、颜色。

（2）工程量计算规则：按设计图示尺寸以面积计算。

（3）工程内容：基层清理；刮腻子；面层铺粘；刷防护材料。

2. 织锦缎裱糊（项目编码：011408002）

（1）项目特征：基层类型；裱糊部位；腻子种类；刮腻子遍数；粘结材料种类；防护材料种类；面层材料品种、规格、颜色。

（2）工程量计算规则：按设计图示尺寸以面积计算。

（3）工程内容：基层清理；刮腻子；面层铺粘；刷防护材料。

三、油漆、涂料、裱糊清单工程量计算案例

【例6-19】　某工程如图6-19所示尺寸，三合板木墙裙上润油粉，刷硝基清漆六遍，墙面、天棚刷乳胶漆三遍（光面），计算工程量。

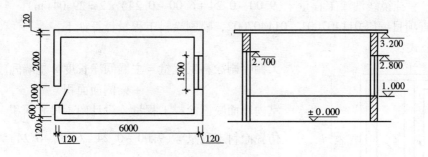

图6-19　某建筑示意图

【解】　（1）三合板木墙裙上润油粉，刷硝基清漆六遍，因木墙裙项目已包括油漆，不另计算。

（2）查项目编码011407002，喷刷涂料工程量计算如下：

计算公式：天棚刷喷涂料工程量 = 主墙间净长度 × 主墙间净宽度 + 梁侧面面积

天棚刷喷涂料工程量 $= (6 - 0.24) \times (3.6 - 0.24) = 19.35 (\text{m}^2)$

（3）查项目编码011407001，刷喷涂料工程量计算如下：

计算公式：室内墙面刷喷涂料工程量 = 设计图示尺寸面积

墙面刷乳胶漆工程量 $= (5.76 + 3.36) \times 2 \times 2.20 - 1.00 \times (2.70 - 1.00) - 1.50 \times 1.80$
$+ (1.8 \times 2 + 1.5 + 1.7 \times 2 + 1.0) \times 0.12 = 36.87 (\text{m}^2)$

【例6-20】　某工程如图6-20所示，内墙抹灰面满刮腻子两遍，贴对花墙纸；挂镜线刷底油一遍，调和漆两遍；挂镜线以上及天棚刷仿瓷涂料两遍，计算工程量。

【解】　（1）查项目编码011408001，墙纸裱糊工程量计算如下：

计算公式：墙壁面贴对花墙纸工程量 = 净长度 × 净高 – 门窗洞 + 垛及门窗侧面

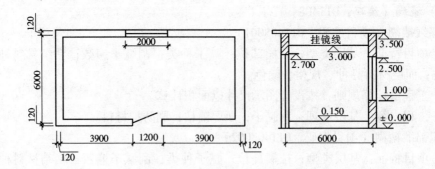

图 6-20 某建筑示意图

墙面贴对花墙纸工程量 = $(9.00 - 0.24 \div 6.00 - 0.24) \times 2 \times (3.00 - 0.15) - 1.20$

$\times (2.50 - 0.15) - 2.00 \times 1.50 + [1.20 + (2.50 - 0.15) \times 2 + (2.00 + 1.50) \times 2] \times 0.12 =$

$78.49(\text{m}^2)$

(2) 查项目编码 011403005，挂镜线油漆工程量计算如下：

计算公式：挂镜线油漆工程量 = 设计图示长度

挂镜线油漆工程量 = $(9.00 - 0.24 + 6.00 - 0.24) \times 2 = 29.04(\text{m})$

(3) 查项目编码 011407001、011407002，喷刷涂料工程量计算如下：

计算公式：

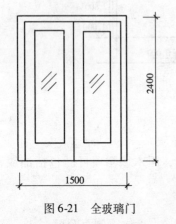

图 6-21 全玻璃门

天棚喷刷涂料工程量 = 主墙间净长度 × 主墙间净宽度

$+$ 梁侧面面积

室内墙面喷刷涂料工程量 = 设计图示尺寸面积

仿瓷涂料工程量 = $(9.00 - 0.24 + 6.00 - 0.24) \times 2 \times 0.50$

$+ (9.00 - 0.24)(6.00 - 0.24) = 64.98(\text{m}^2)$

【例 6-21】 全玻璃门，尺寸如图 6-21 所示，油漆为底油一遍，调和漆三遍，共 20 樘/m²，计算工程量。

【解】 查项目编码 011401001，木门油漆工程量计算如下：

计算公式：木门油漆工程量 = 设计图示数量

木门油漆工程量 = 20（樘/m²）

注意：凡门窗项目包括油漆，不再重复列项。

第五节 其他装饰工程

一、清单工程量计算有关问题说明

（一）其他装饰工程工程量清单项目的划分与编码

1. 清单项目的划分

其他装饰工程

- 柜类、货架（包括柜台、酒柜、衣柜、酒吧吊柜、收银台、试衣间等）
- 压条、装饰线（包括金属、木质、石材、石膏、镜面玻璃、铝塑、塑料装饰线、GRC装饰线条）
- 扶手、栏杆、栏板装饰（包括金属、硬木、塑料扶手、栏杆、栏板，GRC栏杆、扶手，金属、硬木、塑料靠墙扶手，玻璃栏板）
- 暖气罩（包括饰面板、塑料板、金属暖气罩）
- 浴厕配件（包括洗漱台、晒衣架、帘子杆、卫生间扶手、卫生纸盒、镜面玻璃、镜箱等）
- 雨篷、旗杆（包括雨篷吊挂饰面、金属旗杆、玻璃雨篷）
- 招牌、灯箱（包括平面、箱式招牌，竖式标箱，灯箱，信报箱）
- 美术字（包括泡沫塑料字、有机玻璃字、木质字、金属字、吸塑字）

2. 清单项目的编码

一级编码为01；二级编码为15（《房屋建筑与装饰工程工程量计算规范》附录Q，其他装饰工程）；三级编码自01～08（从柜类、货架至美术字）；四级编码从001始，第三位数字依次递增；五级编码从001始，第三位数字依次递增。

（二）清单工程量计算有关问题说明

1. 有关项目列项的说明

（1）厨房壁柜和厨房吊柜以嵌入墙内为壁柜，以支架固定在墙上的为吊柜。

（2）压条、装饰线项目已包括在门扇、墙柱面、天棚等项目内的，不再单独列项。

（3）洗漱台项目适用于石质（天然石材、人造石材等）、玻璃等。

（4）旗杆的砌砖或混凝土台座，台座的饰面可按清单计价规范相关附录的章节另行编码列项，也可纳入旗杆报价内。

（5）美术字不分字体，按大小规格分类。

2. 有关项目特征的说明

（1）台柜的规格以能分离的成品单体长、宽、高来表示，如：一个组合书柜分上下两部分，下部为独立的矮柜，上部为敞开式的书柜，可以分上、下两部分标注尺寸。

（2）镜面玻璃和灯箱等的基层材料是指玻璃背后的衬垫材料，如：胶合板、油毡等。

（3）装饰线和美术字的基层类型是指装饰线、美术字依托体的材料，如砖墙、木墙、石墙、混凝土墙、墙面抹灰、钢支架等。

（4）旗杆高度指旗杆台座上表面至杆顶的尺寸（包括球珠）。

（5）美术字的字体规格以字的外接矩形长、宽和字的厚度表示。固定方式指粘贴、焊接以及铁钉、螺栓、铆钉固定等方式。

3. 有关工程量计算的说明

（1）台柜工程量以"个"计算，即能分离的同规格的单体个数计算，如：柜台有同规格为1500mm×400mm×1200mm的5个单体，另有1个柜台规格为1500mm×400mm×1150mm，台底安装胶轮4个，以便柜台内营业员由此出入，这样1500mm×400mm×1200mm规格的柜台数为5个，1500mm×400mm×1150mm柜台数为1个。

（2）洗漱台放置洗面盆的地方必须挖洞，根据洗漱台摆放的位置有些还需选形，产生挖弯、削角，为此洗漱台的工程量按外接矩形计算。挡板指镜面玻璃下边沿至洗漱台面和侧墙与台面接触部位的竖挡板（一般挡板与台面使用同种材料品种，不同材料品种应另行计算）。吊沿指台面外边沿下方的竖挡板。挡板和吊沿均以面积并入台面面积内计算。

4. 有关工程内容的说明

(1) 台柜项目以"个"计算，应按设计图纸或说明，包括台柜、台面材料（石材、皮草、金属、实木等）、内隔板材料、连接件、配件等，均应包括在报价内。

(2) 洗漱台现场制作、切割、磨边等人工、机械的费用应包括在报价内。

(3) 金属旗杆也可将旗杆台座及台座面层一并纳入报价。

二、其他装饰工程工程量计算规则

其他装饰工程量包括柜类、货架、压条、装饰线、扶手、栏杆、栏板装饰、暖气罩、浴厕配件、雨篷、旗杆、招牌、灯箱、美术字等项目。适用于装饰构件的制作、安装工程。

（一）柜类、货架（编码：011501）

1. 柜台（项目编码：011501001）

(1) 项目特征：台柜规格；材料种类、规格；五金种类、规格；防护材料种类；油漆品种、刷漆遍数。

(2) 工程量计算规则：以个计量，按设计图示数量计量；以米计量，按设计图示尺寸以延长米计算；以立方米计量，按设计图示尺寸以体积计算。

(3) 工程内容：台柜制作、运输、安装（安放）；刷防护材料、油漆；五金件安装。

2. 酒柜（项目编码：011501002）

(1) 项目特征：台柜规格；材料种类、规格；五金种类、规格；防护材料种类；油漆品种、刷漆遍数。

(2) 工程量计算规则：以个计量，按设计图示数量计量；以米计量，按设计图示尺寸以延长米计算；以立方米计量，按设计图示尺寸以体积计算。

(3) 工程内容：台柜制作、运输、安装（安放）；刷防护材料、油漆；五金件安装。

3. 衣柜（项目编码：011501003）

(1) 项目特征：台柜规格；材料种类、规格；五金种类、规格；防护材料种类；油漆品种、刷漆遍数。

(2) 工程量计算规则：以个计量，按设计图示数量计量；以米计量，按设计图示尺寸以延长米计算；以立方米计量，按设计图示尺寸以体积计算。

(3) 工程内容：台柜制作、运输、安装（安放）；刷防护材料、油漆；五金件安装。

4. 存包柜（项目编码：011501004）

(1) 项目特征：台柜规格；材料种类、规格；五金种类、规格；防护材料种类；油漆品种、刷漆遍数。

(2) 工程量计算规则：以个计量，按设计图示数量计量；以米计量，按设计图示尺寸以延长米计算；以立方米计量，按设计图示尺寸以体积计算。

(3) 工程内容：台柜制作、运输、安装（安放）；刷防护材料、油漆；五金件安装。

5. 鞋柜（项目编码：011501005）

(1) 项目特征：台柜规格；材料种类、规格；五金种类、规格；防护材料种类；油漆品种、刷漆遍数。

(2) 工程量计算规则：以个计量，按设计图示数量计量；以米计量，按设计图示尺寸以延长米计算；以立方米计量，按设计图示尺寸以体积计算。

（3）工程内容：台柜制作、运输、安装（安放）；刷防护材料、油漆；五金件安装。

6. 书柜（项目编码：011501006）

（1）项目特征：台柜规格；材料种类、规格；五金种类、规格；防护材料种类；油漆品种、刷漆遍数。

（2）工程量计算规则：以个计量，按设计图示数量计量；以米计量，按设计图示尺寸以延长米计算；以立方米计量，按设计图示尺寸以体积计算。

（3）工程内容：台柜制作、运输、安装（安放）；刷防护材料、油漆；五金件安装。

7. 厨房壁柜（项目编码：011501007）

（1）项目特征：台柜规格；材料种类、规格；五金种类、规格；防护材料种类；油漆品种、刷漆遍数。

（2）工程量计算规则：以个计量，按设计图示数量计量；以米计量，按设计图示尺寸以延长米计算；以立方米计量，按设计图示尺寸以体积计算。

（3）工程内容：台柜制作、运输、安装（安放）；刷防护材料、油漆；五金件安装。

8. 木壁柜（项目编码：011501008）

（1）项目特征：台柜规格；材料种类、规格；五金种类、规格；防护材料种类；油漆品种、刷漆遍数。

（2）工程量计算规则：以个计量，按设计图示数量计量；以米计量，按设计图示尺寸以延长米计算；以立方米计量，按设计图示尺寸以体积计算。

（3）工程内容：台柜制作、运输、安装（安放）；刷防护材料、油漆；五金件安装。

9. 厨房低柜（项目编码：011501009）

（1）项目特征：台柜规格；材料种类、规格；五金种类、规格；防护材料种类；油漆品种、刷漆遍数。

（2）工程量计算规则：以个计量，按设计图示数量计量；以米计量，按设计图示尺寸以延长米计算；以立方米计量，按设计图示尺寸以体积计算。

（3）工程内容：台柜制作、运输、安装（安放）；刷防护材料、油漆；五金件安装。

10. 厨房吊柜（项目编码：011501010）

（1）项目特征：台柜规格；材料种类、规格；五金种类、规格；防护材料种类；油漆品种、刷漆遍数。

（2）工程量计算规则：以个计量，按设计图示数量计量；以米计量，按设计图示尺寸以延长米计算；以立方米计量，按设计图示尺寸以体积计算。

（3）工程内容：台柜制作、运输、安装（安放）；刷防护材料、油漆；五金件安装。

11. 矮柜（项目编码：011501011）

（1）项目特征：台柜规格；材料种类、规格；五金种类、规格；防护材料种类；油漆品种、刷漆遍数。

（2）工程量计算规则：以个计量，按设计图示数量计量；以米计量，按设计图示尺寸以延长米计算；以立方米计量，按设计图示尺寸以体积计算。

（3）工程内容：台柜制作、运输、安装（安放）；刷防护材料、油漆；五金件安装。

12. 吧台背柜（项目编码：011501012）

（1）项目特征：台柜规格；材料种类、规格；五金种类、规格；防护材料种类；油漆品种、刷漆遍数。

（2）工程量计算规则：以个计量，按设计图示数量计量；以米计量，按设计图示尺寸以延长米计算；以立方米计量，按设计图示尺寸以体积计算。

（3）工程内容：台柜制作、运输、安装（安放）；刷防护材料、油漆；五金件安装。

13. 酒吧吊柜（项目编码：011501013）

（1）项目特征：台柜规格；材料种类、规格；五金种类、规格；防护材料种类；油漆品种、刷漆遍数。

（2）工程量计算规则：以个计量，按设计图示数量计量；以米计量，按设计图示尺寸以延长米计算；以立方米计量，按设计图示尺寸以体积计算。

（3）工程内容：台柜制作、运输、安装（安放）；刷防护材料、油漆；五金件安装。

14. 酒吧台（项目编码：011501014）

（1）项目特征：台柜规格；材料种类、规格；五金种类、规格；防护材料种类；油漆品种、刷漆遍数。

（2）工程量计算规则：以个计量，按设计图示数量计量；以米计量，按设计图示尺寸以延长米计算；以立方米计量，按设计图示尺寸以体积计算。

（3）工程内容：台柜制作、运输、安装（安放）；刷防护材料、油漆；五金件安装。

15. 展台（项目编码：011501015）

（1）项目特征：台柜规格；材料种类、规格；五金种类、规格；防护材料种类；油漆品种、刷漆遍数。

（2）工程量计算规则：以个计量，按设计图示数量计量；以米计量，按设计图示尺寸以延长米计算；以立方米计量，按设计图示尺寸以体积计算。

（3）工程内容：台柜制作、运输、安装（安放）；刷防护材料、油漆；五金件安装。

16. 收银台（项目编码：011501016）

（1）项目特征：台柜规格；材料种类、规格；五金种类、规格；防护材料种类；油漆品种、刷漆遍数。

（2）工程量计算规则：以个计量，按设计图示数量计量；以米计量，按设计图示尺寸以延长米计算；以立方米计量，按设计图示尺寸以体积计算。

（3）工程内容：台柜制作、运输、安装（安放）；刷防护材料、油漆；五金件安装。

17. 试衣间（项目编码：011501017）

（1）项目特征：台柜规格；材料种类、规格；五金种类、规格；防护材料种类；油漆品种、刷漆遍数。

（2）工程量计算规则：以个计量，按设计图示数量计量；以米计量，按设计图示尺寸以延长米计算；以立方米计量，按设计图示尺寸以体积计算。

（3）工程内容：台柜制作、运输、安装（安放）；刷防护材料、油漆；五金件安装。

18. 货架（项目编码：011501018）

（1）项目特征：台柜规格；材料种类、规格；五金种类、规格；防护材料种类；油漆品种、刷漆遍数。

（2）工程量计算规则：以个计量，按设计图示数量计量；以米计量，按设计图示尺寸以延长米计算；以立方米计量，按设计图示尺寸以体积计算。

（3）工程内容：台柜制作、运输、安装（安放）；刷防护材料、油漆；五金件安装。

19. 书架（项目编码：011501019）

（1）项目特征：台柜规格；材料种类、规格；五金种类、规格；防护材料种类；油漆品种、刷漆遍数。

（2）工程量计算规则：以个计量，按设计图示数量计量；以米计量，按设计图示尺寸以延长米计算；以立方米计量，按设计图示尺寸以体积计算。

（3）工程内容：台柜制作、运输、安装（安放）；刷防护材料、油漆；五金件安装。

20. 服务台（项目编码：011501020）

（1）项目特征：台柜规格；材料种类、规格；五金种类、规格；防护材料种类；油漆品种、刷漆遍数。

（2）工程量计算规则：以个计量，按设计图示数量计量；以米计量，按设计图示尺寸以延长米计算；以立方米计量，按设计图示尺寸以体积计算。

（3）工程内容：台柜制作、运输、安装（安放）；刷防护材料、油漆；五金件安装。

（二）压条、装饰线（编码：011502）

1. 金属装饰线（项目编码：011502001）

（1）项目特征：基层类型；线条材料品种、规格、颜色；防护材料种类。

（2）工程量计算规则：按设计图示尺寸以长度计算。

（3）工程内容：线条制作、安装；刷防护材料。

2. 木质装饰线（项目编码：011502002）

（1）项目特征：基层类型；线条材料品种、规格、颜色；防护材料种类。

（2）工程量计算规则：按设计图示尺寸以长度计算。

（3）工程内容：线条制作、安装；刷防护材料。

3. 石材装饰线（项目编码：011502003）

（1）项目特征：基层类型；线条材料品种、规格、颜色；防护材料种类。

（2）工程量计算规则：按设计图示尺寸以长度计算。

（3）工程内容：线条制作、安装；刷防护材料。

4. 石膏装饰线（项目编码：011502004）

（1）项目特征：基层类型；线条材料品种、规格、颜色；防护材料种类。

（2）工程量计算规则：按设计图示尺寸以长度计算。

（3）工程内容：线条制作、安装；刷防护材料。

5. 镜面玻璃线（项目编码：011502005）

（1）项目特征：基层类型；线条材料品种、规格、颜色；防护材料种类。

（2）工程量计算规则：按设计图示尺寸以长度计算。

（3）工程内容：线条制作、安装；刷防护材料。

6. 铝塑装饰线（项目编码：011502006）

（1）项目特征：基层类型；线条材料品种、规格、颜色；防护材料种类。

（2）工程量计算规则：按设计图示尺寸以长度计算。

（3）工程内容：线条制作、安装；刷防护材料。

7. 塑料装饰线（项目编码：011502007）

（1）项目特征：基层类型；线条材料品种、规格、颜色；防护材料种类。

（2）工程量计算规则：按设计图示尺寸以长度计算。

（3）工程内容：线条制作、安装；刷防护材料。

8. GRC 装饰线条（项目编码：011502008）

（1）项目特征：基层类型；线条规格；线条安装部位；填充材料种类。

（2）工程量计算规则：按设计图示尺寸以长度计算。

（3）工程内容：线条制作安装。

（三）扶手、栏杆、栏板装饰（编码：011503）

1. 金属扶手、栏杆、栏板（项目编码：011503001）

（1）项目特征：扶手材料种类、规格；栏杆材料种类、规格；栏板材料种类、规格、颜色；固定配件种类；防护材料种类。

（2）工程量计算规则：按设计图示以扶手中心线长度（包括弯头长度）计算。

（3）工程内容：制作；运输；安装；刷防护材料。

2. 硬木扶手、栏杆、栏板（项目编码：011503002）

（1）项目特征：扶手材料种类、规格；栏杆材料种类、规格；栏板材料种类、规格、颜色；固定配件种类；防护材料种类。

（2）工程量计算规则：按设计图示以扶手中心线长度（包括弯头长度）计算。

（3）工程内容：制作；运输；安装；刷防护材料。

3. 塑料扶手、栏杆、栏板（项目编码：011503003）

（1）项目特征：扶手材料种类、规格；栏杆材料种类、规格；栏板材料种类、规格、颜色；固定配件种类；防护材料种类。

（2）工程量计算规则：按设计图示以扶手中心线长度（包括弯头长度）计算。

（3）工程内容：制作；运输；安装；刷防护材料。

4. GRC 栏杆、扶手（项目编码：011503004）

（1）项目特征：栏杆的规格；安装间距；扶手类型、规格；填充材料种类。

（2）工程量计算规则：按设计图示以扶手中心线长度（包括弯头长度）计算。

（3）工程内容：制作；运输；安装；刷防护材料。

5. 金属靠墙扶手（项目编码：011503005）

（1）项目特征：扶手材料种类、规格；固定配件种类；防护材料种类。

（2）工程量计算规则：按设计图示以扶手中心线长度（包括弯头长度）计算。

（3）工程内容：制作；运输；安装；刷防护材料。

6. 硬木靠墙扶手（项目编码：011503006）

（1）项目特征：扶手材料种类、规格；固定配件种类；防护材料种类。

（2）工程量计算规则：按设计图示以扶手中心线长度（包括弯头长度）计算。

（3）工程内容：制作；运输；安装；刷防护材料。

7. 塑料靠墙扶手（项目编码：011503007）

（1）项目特征：扶手材料种类、规格；固定配件种类；防护材料种类。

（2）工程量计算规则：按设计图示以扶手中心线长度（包括弯头长度）计算。

（3）工程内容：制作；运输；安装；刷防护材料。

8. 塑料靠墙扶手（项目编码：011503008）

（1）项目特征：栏杆玻璃的种类、规格、颜色；固定方式；固定配件种类。

（2）工程量计算规则：按设计图示以扶手中心线长度（包括弯头长度）计算。

（3）工程内容：制作；运输；安装；刷防护材料。

（四）暖气罩（编码：011504）

1. 饰面板暖气罩（项目编码：011504001）

（1）项目特征：暖气罩材质；防护材料种类。

（2）工程量计算规则：按设计图示尺寸以垂直投影面积（不展开）计算。

（3）工程内容：暖气罩制作、运输、安装；刷防护材料、油漆。

2. 塑料板暖气罩（项目编码：011504002）

（1）项目特征：暖气罩材质；防护材料种类。

（2）工程量计算规则：按设计图示尺寸以垂直投影面积（不展开）计算。

（3）工程内容：暖气罩制作、运输、安装；刷防护材料、油漆。

3. 金属暖气罩（项目编码：011504003）

（1）项目特征：暖气罩材质；防护材料种类。

（2）工程量计算规则：按设计图示尺寸以垂直投影面积（不展开）计算。

（3）工程内容：暖气罩制作、运输、安装；刷防护材料、油漆。

（五）浴厕配件（编码：011505）

1. 洗漱台（项目编码：011505001）

（1）项目特征：材料品种、规格、品牌、颜色；支架、配件品种、规格、品牌。

（2）工程量计算规则：按设计图示尺寸以台面外接矩形面积计算。不扣除孔洞、挖弯、削角所占面积，挡板、吊沿板面积并入台面面积内；按设计图示数量计算。

（3）工程内容：台面及支架运输、安装；杆、环、盒、配件安装；刷油漆。

2. 晒衣架（项目编码：011505002）

（1）项目特征：材料品种、规格、品牌、颜色；支架、配件品种、规格、品牌。

（2）工程量计算规则：按设计图示数量计算。

（3）工程内容：台面及支架运输、安装；杆、环、盒、配件安装；刷油漆。

3. 帘子杆（项目编码：011505003）

（1）项目特征：材料品种、规格、品牌、颜色；支架、配件品种、规格、品牌。

（2）工程量计算规则：按设计图示数量计算。

（3）工程内容：台面及支架运输、安装；杆、环、盒、配件安装；刷油漆。

4. 浴缸拉手（项目编码：011505004）

（1）项目特征：材料品种、规格、品牌、颜色；支架、配件品种、规格、品牌。

（2）工程量计算规则：按设计图示数量计算。

（3）工程内容：台面及支架运输、安装；杆、环、盒、配件安装；刷油漆。

5. 卫生间扶手（项目编码：011505005）

（1）项目特征：材料品种、规格、品牌、颜色；支架、配件品种、规格、品牌。

（2）工程量计算规则：按设计图示数量计算。

（3）工程内容：台面及支架运输、安装；杆、环、盒、配件安装；刷油漆。

6. 毛巾杆（架）（项目编码：011505006）

（1）项目特征：材料品种、规格、品牌、颜色；支架、配件品种、规格、品牌。

（2）工程量计算规则：按设计图示数量计算。

（3）工程内容：台面及支架制作、运输、安装；杆、环、盒、配件安装；刷油漆。

7. 毛巾环（项目编码：011505007）

（1）项目特征：材料品种、规格、品牌、颜色；支架、配件品种、规格、品牌。

（2）工程量计算规则：按设计图示数量计算。

（3）工程内容：台面及支架制作、运输、安装；杆、环、盒、配件安装；刷油漆。

8. 卫生纸盒（项目编码：011505008）

（1）项目特征：材料品种、规格、品牌、颜色；支架、配件品种、规格、品牌。

（2）工程量计算规则：按设计图示数量计算。

（3）工程内容：台面及支架制作、运输、安装；杆、环、盒、配件安装；刷油漆。

9. 肥皂盒（项目编码：011505009）

（1）项目特征：材料品种、规格、品牌、颜色；支架、配件品种、规格、品牌。

（2）工程量计算规则：按设计图示数量计算。

（3）工程内容：台面及支架制作、运输、安装；杆、环、盒、配件安装；刷油漆。

10. 镜面玻璃（项目编码：011505010）

（1）项目特征：镜面玻璃品种、规格；框材质、断面尺寸；基层材料种类；防护材料种类。

（2）工程量计算规则：按设计图示尺寸以边框外围面积计算。

（3）工程内容：基层安装；玻璃及框制作、运输、安装。

11. 镜箱（项目编码：011505011）

（1）项目特征：箱材质、规格；玻璃品种、规格；基层材料种类；防护材料种类；油漆品种、刷漆遍数。

（2）工程量计算规则：按设计图示数量计算。

（3）工程内容：基层安装；箱体制作、运输、安装；玻璃安装；刷防护材料、油漆。

（六）雨篷、旗杆（编码：011506）

1. 雨篷吊挂饰面（项目编码：011506001）

（1）项目特征：基层类型；龙骨材料种类、规格、中距；面层材料品种、规格、品牌；吊顶（天棚）材料品种、规格、品牌；嵌缝材料种类；防护材料种类。

（2）工程量计算规则：按设计图示尺寸以水平投影面积计算。

（3）工程内容：底层抹灰；龙骨基层安装；面层安装；刷防护材料、油漆。

2. 金属旗杆（项目编码：011506002）

（1）项目特征：旗杆材料、种类、规格；旗杆高度；基础材料种类；基座材料种类；基座面层材料、种类、规格。

（2）工程量计算规则：按设计图示数量计算。

（3）工程内容：土石挖、填、运；基础混凝土浇注；旗杆制作、安装；旗杆台座制作、饰面。

3. 玻璃雨篷（项目编码：011506003）

（1）项目特征：玻璃雨篷固定方式；龙骨材料种类、规格、中距；玻璃材料品种、规格、品牌；嵌缝材料种类；防护材料种类。

（2）工程量计算规则：按设计图示尺寸以水平投影面积计算。

（3）工程内容：龙骨基层安装；面层安装；刷防护材料、油漆。

（七）招牌、灯箱（编码：011507）

1. 平面、箱式招牌（项目编码：011507001）

（1）项目特征：箱体规格；基层材料种类；面层材料种类；防护材料种类。

（2）工程量计算规则：按设计图示尺寸以正立面边框外围面积计算。复杂形的凸凹造型部分不增加面积。

（3）工程内容：基层安装；箱体及支架制作、运输、安装；面层制作、安装；刷防护材料、油漆。

2. 竖式标箱（项目编码：011507002）

（1）项目特征：箱体规格；基层材料种类；面层材料种类；防护材料种类。

（2）工程量计算规则：按设计图示数量计算

（3）工程内容：基层安装；箱体及支架制作、运输、安装；面层制作、安装；刷防护材料、油漆。

3. 灯箱（项目编码：011507003）

（1）项目特征：箱体规格；基层材料种类；面层材料种类；防护材料种类。

（2）工程量计算规则：按设计图示数量计算

（3）工程内容：基层安装；箱体及支架制作、运输、安装；面层制作、安装；刷防护材料、油漆。

4. 信报箱（项目编码：011507004）

（1）项目特征：箱体规格；基层材料种类；面层材料种类；保护材料种类；户数。

（2）工程量计算规则：按设计图示数量计算

（3）工程内容：基层安装；箱体及支架制作、运输、安装；面层制作、安装；刷防护材料、油漆。

（八）美术字（编码：011508）

1. 泡沫塑料字（项目编码：011508001）

（1）项目特征：基层类型；镂字材料品种、颜色；字体规格；固定方式；油漆品种、刷漆遍数。

（2）工程量计算规则：按设计图示数量计算。

（3）工程内容：字制作、运输、安装；刷油漆。

2. 有机玻璃字（项目编码：011508002）

（1）项目特征：基层类型；镂字材料品种、颜色；字体规格；固定方式；油漆品种、刷漆遍数。

（2）工程量计算规则：按设计图示数量计算。

（3）工程内容：字制作、运输、安装；刷油漆。

3. 木质字（项目编码：011508003）

（1）项目特征：基层类型；镂字材料品种、颜色；字体规格；固定方式；油漆品种、刷漆遍数。

（2）工程量计算规则：按设计图示数量计算。

（3）工程内容：字制作、运输、安装；刷油漆。

4. 金属字（项目编码：011508004）

（1）项目特征：基层类型；镌字材料品种、颜色；字体规格；固定方式；油漆品种、刷漆遍数。

（2）工程量计算规则：按设计图示数量计算。

（3）工程内容：字制作、运输、安装；刷油漆。

5. 吸塑字（项目编码：011508005）

（1）项目特征：基层类型；镌字材料品种、颜色；字体规格；固定方式；油漆品种、刷漆遍数。

（2）工程量计算规则：按设计图示数量计算。

（3）工程内容：字制作、运输、安装；刷油漆。

三、其他工程清单工程量计算案例

【例6-22】 某厨房制安一吊柜，尺寸如图6-22所示，木骨架，背面、上面及侧面为三合板，底板与隔板为细木工板，外围及框的正面贴榉木板面层，玻璃推拉门，金属滑轨，计算工程量。

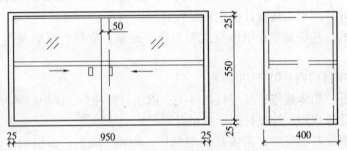

图6-22 吊柜尺寸

【解】 查项目编码011501010，厨房吊柜工程量计算如下：

计算公式：厨房吊柜工程量 = 设计图示数量

厨房吊柜工程量 = 1（个）

【例6-23】 平墙式暖气罩，尺寸如图6-23所示，五合板基层，榉木板面层，机制木花格散热口，共18个，计算工程量。

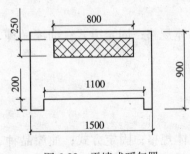

图6-23 平墙式暖气罩

【解】 查项目编码011504001，饰面板暖气罩工程量计算如下：

计算公式：饰面板暖气罩工程量 = 垂直投影面积

饰面板暖气罩工程量 = $(1.5 \times 0.9 - 1.10 \times 0.20 - 0.80 \times 0.25) \times 18 = 16.74$（$m^2$）

【例6-24】 家庭装修贴石膏阴角线，50mm宽，60m长，计算工程量。

【解】 查项目编码011502004，石膏装饰线工程量计算如下：

　　计算公式：石膏装饰线工程量 = 设计图示长度

$$石膏装饰线工程量 = 60.00（m）$$

【例6-25】 某工程檐口上方设招牌，长28m，高1.5m，钢结构龙骨，九夹板基层，塑铝板面层，上嵌8个1000mm×1000mm泡沫塑料有机玻璃面大字，计算工程量。

【解】　　（1）查项目编码011507001，平面招牌工程量计算如下：

　　计算公式：平面招牌工程量 = 设计净长度 × 设计净宽度

$$平面招牌工程量 = 28 \times 1.5 = 42（m^2）$$

（2）查项目编码011508001，泡沫塑料字工程量计算如下：

　　计算公式：　　　　泡沫塑料字工程量 = 设计图示数量

$$泡沫塑料字工程量 = 8（个）$$

（3）查项目编码011508002，有机玻璃字工程量计算如下：

　　计算公式：　　　　有机玻璃字工程量 = 设计图示数量

$$有机玻璃字工程量 = 8（个）$$

第七章 《全统装饰定额》的应用与换算

第一节 《全统装饰定额》的应用

一、《全统装饰定额》的总说明

(一)《全统装饰定额》的主要内容

《全统装饰定额》内容包括:总说明,楼地面工程,墙、柱面工程,天棚工程,门窗工程,油漆、涂料、裱糊工程,其他工程,装饰装修脚手架及项目成品保护费,垂直运输及超高增加费等各章的说明,工程量计算规则,消耗量定额表以及附表、附录等。

(二)《全统装饰定额》的总说明

《全统装饰定额》的总说明主要说明了以下问题:

1. 定额性质

该定额是完成规定计量单位装饰装修分项工程所需的人工、材料、施工机械台班消耗量的计量标准。

2. 定额用途

可与《全国统一建筑装饰装修工程量清单计量规则》配合使用,是编制装饰装修工程单位估价表、招标工程标底、施工图预算、确定工程造价的依据;是编制装饰装修工程概算定额(指标)、估算指标的基础;是编制企业定额、投标报价的参考。

3. 适用范围

该定额适用于新建、扩建和改建工程的建筑装饰装修。

4. 定额依据

该定额依据国家有关现行产品标准、设计规范、施工质量验收规范、技术操作规程和安全操作规程编制的,并参考了有关地区标准和有代表性的工程设计、施工资料和其他资料。

5. 定额前提条件

该定额是按照正常施工条件、目前多数企业具备的机械装备程度、施工中常用的施工方法、施工工艺和劳动组织,以及合理工期进行编制。

6. 定额人工、材料、机械台班消耗量的确定背景

(1) 人工消耗量的确定

人工不分工种、技术等级,以综合工日表示。内容包括基本用工、辅助用工、超运距用工、人工幅度差。

(2) 材料消耗量的确定

①采用的建筑装饰装修材料、半成品、成品均按符合国家质量标准和相应设计要求的合格产品考虑;

②定额中的材料消耗量包括施工中消耗的主要材料、辅助材料和零星材料等,并计算了

相应的施工场内运输和施工操作的损耗；

③用量很少、占材料费比重很小的零星材料合并为其他材料费，以材料费的百分比表示；

④施工工具用具性消耗材料，未列出定额消耗量，在建筑安装工程费用定额中工具用具使用费内考虑；

⑤主要材料、半成品、成品损耗率见消耗量定额附录。

（3）机械台班消耗量的确定

①机械台班消耗量是按照正常合理的机械配备、机械施工工效测算确定的；

②机械原值在 2000 元以内、使用年限在 2 年以内的、不构成固定资产的低值易耗的小型机械，未列入定额，作为工具用具在建筑安装工程费用定额中考虑。

7. 关于脚手架

该定额均已综合了搭拆 3.6m 以内简易脚手架用工及脚手架摊销材料，3.6m 以上需搭设的装饰装修脚手架按定额第 7 章装饰装修脚手架工程相应子目执行。

8. 关于木材

该定额中木材不分板材与方材，均以××（指硬木、杉木或松木）锯材取定。即：经过加工的称锯材，未经加工的称圆木。木种分类规定如下：

第一、二类：红松、水桐木、樟木松、白松（云杉、冷杉）、杉木、杨木、柳木、椴木。

第三、四类：青松、黄花松、秋子木、马尾松、东北榆木、柏木、苦楝木、梓木、黄波萝、椿木、楠木、柚木、枥木（柞木）、檀木、荔木、麻栗木（麻栎、青刚）、桦木、荷木、水曲柳、华北榆木、榉木、橡木、枫木、核桃木、樱桃木。

9. 关于定额调整

该定额所采用的材料、半成品、成品的品种、规格型号与设计不符时，可按各章规定调整。如定额中以饰面夹板、实木（以锯材取定）、装饰线条表示的，其材质包括榉木、橡木、柚木、枫木、核桃木、樱桃木、桦木、水曲柳等；部分列有榉木或者橡木、枫木的项目，如实际使用的材质与取定的不符时，可以换算，但其消耗量不变。

10. 有关配套使用定额

该定额与《全国统一建筑工程基础定额》相同的项目，均以该定额项目为准，该定额未列项目（如找平层、垫层等），则按《全国统一建筑工程基础定额》相应项目执行。卫生洁具、装饰灯具、给排水、电气等安装工程按《全国统一安装工程预算定额》相应项目执行。

该定额中的工作内容已说明了主要的施工工序，次要工序虽未说明，但均以包括在内。

定额中注有"××以内"或"××以下"，均包括××本身；"××以外"或"××以上"，均不包括××本身。

各章说明主要阐明各章定额子目的有关使用方法、定额换算及注意事项等。

各章工程量计算规则主要说明各章定额子目的工程量计算方法。

各章消耗量定额表列出了各定额子目完成规定计量单位工程量所需的综合人工工日数、各种材料消耗量、有关施工机械台班消耗量等。

二、《地区建筑装饰装修工程预算定额》与《全统装饰定额》的关系

《全统装饰定额》列出了分部分项工程子目定额计量单位的人工、材料、机械台班的消耗量,但未列出综合人工工日单价、材料预算价格、机械台班单价。在编制预算时,再去收集综合人工工日单价、材料预算价格、机械台班单价,则比较麻烦。因此,各地可根据当地工日单价、各种材料单价、各种机械台班价格,结合新定额中的人工、材料、机械台班的消耗量,计算得出新定额各分项工程子目定额计量单位的定额子目单价,形成单位估价表,与定额子目的人工、材料、机械台班消耗量一起组成地区装饰装修工程预算定额表。《地区装饰装修工程预算定额》定额子目表格一般形式见表7-1。

表7-1 《地区装饰装修工程预算定额》定额子目表格一般形式

定 额 编 号			1－001	1－002	1－003
项 目					
基价（元）					
其中	人工费（元）				
	材料费（元）				
	机械费（元）				
名 称	单 位	单 价	数 量		
人工工日	工日				
材料1	kg				
材料2	m²				
材料3	m³				
…					
机械1	台班				
机械2	台班				
…					

《地区建筑装饰装修工程预算定额》一般应包括总说明、各章说明、各分部分项工程子目预算定额表、附表及附录等。

三、《全统装饰定额》的应用方式

建筑装饰装修工程消耗量定额中各分部分项工程章节、子目的设置是根据建筑装饰装修工程常用的装饰项目制定的,也就是说定额子目是按照一般情况下常见的装饰构造、装饰材料、施工工艺和施工现场的实际操作情况而划分确定的,这些子项目可供大部分装饰装修项目使用,但它并不能包含全部的装饰装修项目和内容,随着装饰业的发展,新材料、新构造、新工艺不断出现,装饰定额就更不可能满足所有装饰项目的需要。因而,在实际操作中,就会出现某些装饰项目内容与定额子目的规定不太相符,甚至完全不同的情况,下面简述几种经常碰到的情况。

（一）直接套用定额

当施工图纸设计的装饰装修工程项目内容、材料、做法,与相应定额子目所规定的项目

152

内容完全相同，则该项目就按定额规定，直接套用定额，确定综合人工工日，材料消耗量（含量）和机械台班数量。在编制工程造价时，绝大多数施工项目属于直接套定额的情况。有关直接套用定额的方法，这里不再赘述。

（二）按定额规定项目执行

施工图纸设计的某些工程项目内容，定额中没有列出相应或相近子目名称，这种情况往往定额有所交代，应按定额规定的子目执行。略举数例如下：

1. 铝合金门窗制作、安装项目，不分现场或施工企业附属加工厂制作，均执行全国统一消耗量定额。

2. 油漆、涂料工程中规定，定额中的刷涂、刷油采用手工操作；喷塑、喷涂采用机械操作。操作方法不同时不予调整。

3. 油漆的浅、中、深各种颜色，已综合在定额内，颜色不同，不予调整。

4. 在暖气罩分项工程中，规定半凹半凸式暖气罩按明式定额子目执行。

（三）定额换算

若施工图纸设计的工程项目内容（包括构造、材料、做法等）与定额相应子目规定内容不完全符合时，如果定额允许换算或调整，则应在规定范围内进行换算或调整后，确定项目综合工日、材料消耗、机械台班用量。

（四）套用补充定额

施工图纸中某些设计项目内容完全与定额不符，即设计采用了新结构、新材料、新工艺等，定额子目还未列入相应子目，也无类似定额子目可供套用。在这种情况下，应编制补充定额，经建设方认同，或报请工程造价管理部门审批后执行。

（五）定额的交叉使用

1. 装饰装修工程中需做卫生洁具、装饰灯具、给排水及电气管道等安装工程，均按《全国统一安装工程预算定额》的有关项目执行。

2. 2002 年消耗量定额与《全国统一建筑工程基础定额》相同的项目，均以新发布的消耗量定额为准；消耗量定额中未列项目（如找平层、垫层等），则按《全国统一建筑工程基础定额》相应项目执行。

第二节　《全统装饰定额》的调整与换算

一、定额调整与换算的条件和基本公式

（一）定额换算的条件

1. 定额子目规定内容与工程项目内容部分不相符，而不是完全不相符，这是能否换算的第一个条件。

2. 第二个条件是定额规定允许换算。

同时满足这两个条件，才能进行换算、调整，也就是说，使得装饰预算定额中规定的内容和设计图纸要求的内容取得一致的过程，就称为定额的换算或调整。

定额换算的实质就是按定额规定的换算范围、内容和方法，对某些项目的工程材料含量及其人工、机械台班等有关内容所进行的调整工作。

定额是否允许换算应按定额说明，这些说明主要包括在定额"总说明"、各分部工程（章）的"说明"及各分项工程定额表的"附注"中，此外，还有定额管理部门关于定额应用问题的解释。

（二）定额换算的基本公式

定额换算就是以工程项目内容为准，将与该项目相近的原定额子目规定的内容进行调整或换算，即把原定额子目中有而工程项目不要的那部分内容去掉，并把工程项目中要求而原子目中没有的内容加进去，这样就使原定额子目变换成完全与工程项目相一致，再套用换算后的定额项目，求得项目的人工、材料、机械台班消耗量。

上述换算的基本思路可用数学表达式描述如下：

$$换算后的消耗量 = 定额消耗量 - 应换出数量 + 应换入数量$$

二、定额调整与换算的规定

（一）楼地面工程定额换算规定

楼梯踢脚线按相应定额乘以 1.15 系数。

（二）墙柱面工程定额换算规定

1. 凡定额注明的砂浆种类、配合比、饰面材料及型材的型号规格与设计不同时，可按设计要求调整，但人工和机械含量不变。

2. 抹灰砂浆厚度，如设计砂浆厚度与定额取定不同时，除定额有注明厚度的项目可以换算外，其他一律不作调整。抹灰砂浆定额取定厚度表。

3. 女儿墙（包括泛水、挑砖）、阳台栏板（不扣除花格所占孔洞面积）内侧抹灰，按垂直投影面积乘以系数 1.10，带压顶者乘系数 1.30，按墙面定额执行。

4. 圆弧形、锯齿形、复杂不规则的墙面抹灰或镶贴块料面层，按相应子目人工乘以系数 1.15，材料乘以系数 1.05。

5. 离缝镶贴面砖的定额子目，其面砖消耗量分别按缝宽 5mm、10mm 和 20mm 考虑，如灰缝不同或灰缝超过 20mm 以上者，其块料及灰缝材料（水泥砂浆 1:1）用量允许调整，其他不变。

6. 木龙骨基层定额是按双向计算的，如设计为单向时，材料、人工用量乘以系数 0.55。

7. 墙、柱面工程定额中，木材种类除注明者外，均以一、二类木种为准，如采用三、四类木种时，人工及机械乘以系数 1.30。

8. 玻璃幕墙设计有平开、推拉窗者，仍执行幕墙定额，但窗型材、窗五金相应增加，其他不变。

9. 弧形幕墙，人工乘 1.10 系数，材料弯弧费另行计算。

10. 隔墙（间壁）、隔断（护壁）、幕墙等，定额中龙骨间距、规格如与设计不同时，定额用量允许调整。

11. 除定额已列有柱帽、柱墩的项目外，其他项目的柱帽、柱墩工程量按设计图示尺寸以展开面积计算，并入相应柱面积内，每个柱帽或柱墩另增人工：抹灰 0.25 工日，块料 0.38 工日，饰面 0.5 工日。

（三）天棚工程定额换算

1. 天棚的种类、间距、规格和基层、面层材料的型号、规格是按常用材料和常用做法考虑的，如设计要求不同时，材料可以调整，但人工、机械不变。

2. 天棚分平面天棚和跌级天棚，跌级天棚面层人工乘系数 1.10。

3. 天棚轻钢龙骨、铝合金龙骨定额是按双层编制的，如设计为单层结构时（大、中龙骨底面在同一平面上），套用定额时，人工乘 0.85 系数。

4. 板式楼梯底面的装饰工程量按水平投影面积乘以 0.15 系数计算，梁式楼梯底面积按展开面积计算。

（四）门窗工程量定额换算

1. 铝合金地弹门制作型材（框料）按 101.6mm × 44.5mm、厚 1.5mm 方管制定，单扇平开门、双扇平开窗按 38 系列制定，推拉窗按 90 系列（厚 1.5mm）制定。如实际采用的型材断面及厚度与定额取定规格不符者，可按图示尺寸长度乘以线密度加 6% 的施工损耗计算型材重量。

2. 电动伸缩门含量不同时，其伸缩门及钢轨允许换算。

3. 定额中，窗帘盒展开宽度 430mm，宽度不同时，材料用量允许调整。

4. 无框全玻门项目、门夹、地弹簧、门拉手设计用量与定额不同时允许调整。

5. 门窗套项目采用夹板代替木筋者，扣减定额枋木锯材用量，增加夹板用量（损耗 5%）。

（五）油漆、涂料、裱糊工程定额换算

1. 油漆、涂料定额中规定的喷、涂、刷的遍数如与设计不同时，可按每增加一遍相应定额子目执行。

2. 定额中的单层木门刷油是按双面刷油考虑的，如采用单面刷油，其定额含量乘以 0.49 系数计算。

3. 油漆、涂料工程，定额已综合了同一平面上的分色及门窗内外分色所需的工料，如需做美术、艺术图案者，可另行计算，其余工料含量均不得调整。

4. 木楼梯（不包括底面）油漆，按水平投影面积乘以 2.3 系数，执行木地板相应子目。

（六）其他工程定额换算

1. 在其他分部工程中，定额项目在实际施工中使用的材料品种、规格与定额取定不同时，可以换算，但人工、机械含量不变。

2. 装饰线条以墙面上直线安装为准，如天棚安装直线形、圆弧形或其他图案者，按以下规定计算：

（1）天棚面安装直线装饰线条，人工乘以 1.34 系数；

（2）天棚面安装圆弧装饰线条，人工乘以 1.6 系数，材料乘 1.10 系数；

（3）墙面安装圆弧装饰线条，人工乘以 1.2 系数，材料乘 1.10 系数；

（4）装饰线条做艺术图案者，人工乘以 1.8 系数，材料乘 1.10 系数；

3. 墙面拆除按单面考虑，如拆除双面装饰板，定额基价乘以系数 1.20。

（七）装饰装修脚手架及项目成品保护费项目定额换算

1. 室内凡计算了满堂脚手架者，其内墙面粉饰不再计算粉饰脚手架，只按每 100m² 墙面垂直投影面积增加改架工 1.28 工日。

2. 利用主体外脚手架改变其步高作外墙装饰架时，按每 100m² 外墙面垂直投影面积，增加改架工 1.28 工日。

第八章　装饰装修工程预算造价的计算

装饰装修工程其性质属于单位工程，因此，其预算造价也是单位预算造价。

我国目前实行的计价模式大体分为两种，一种是传统的"定额计价模式"（定额计价法、定额实物法），一种是实行工程量清单招标的"工程量清单计价模式"（综合单价法）。本章将从这两个方面分别介绍装饰装修工程预算造价的构成内容、计算方法和计价程序。

第一节　"定额计价模式"预算造价的计算

本节介绍传统的预算造价计算方法，主要为那些不实行工程量清单招标的装饰装修工程提供参考。包括：为施工企业（承包商、投标单位）编制投标报价或确定工程合同价提供参考；为建设单位（业主、招标单位）编制工程标底价格或确定工程合同价提供参考。

一、"总额计价模式"预算造价各项费用的构成

我国现行的装饰装修工程造价各项费用的构成见图 8-1。

二、"定额计价模式"预算造价各项费用的内容与含义

装饰装修工程造价由直接费、间接费、利润和税金组成。

（一）直接费

由直接工程费和措施费组成。

1. 直接工程费，是指施工过程中耗费的构成工程实体的各项费用，包括人工费、材料费、施工机械使用费。

（1）人工费，是指直接从事建筑安装工程施工的生产工人开支的各项费用，内容如下所述。

①基本工资，是指发放给生产工人的基本工资。

②工资性补贴，是指按规定标准发放的物价补贴，煤、燃气补贴，交通补贴，住房补贴，流动施工津贴等。

③生产工人辅助工资，是指生产工人在年有效的施工天数以外非作业天数的工资，包括职工学习、培训期间的工资，调动工作、探亲、休假期间的工资，因气候影响的停工工资，女工哺乳时间的工资，病假在 6 个月以内的工资及产、婚、丧假期的工资。

④职工福利费，是指按规定标准计提的职工福利费。

⑤生产工人劳动保护费，是指按规定标准发放的劳动保护用品的购置费及修理费，徒工服装补贴，防暑降温费，在有碍身体健康环境中施工的保健费用等。

（2）材料费，是指施工过程中耗费的构成工程实体的原材料、辅助材料、构配件、零件、半成品的费用。内容如下所述。

①材料原价（或供应价格）。

②材料运杂费，是指材料自来源地运至工地仓库或指定堆放地点所发生的全部费用。

③运输损耗费，是指材料在运输装卸过程中不可避免的损耗。

④采购及保管费，是指为组织采购、供应和保管材料过程中所需要的各项费用。包括：采购费、仓储费、工地保管费、仓储损耗。

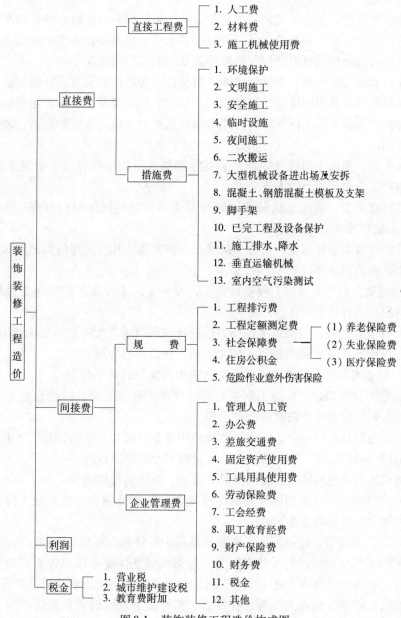

图 8-1　装饰装修工程造价构成图

⑤检验试验费，是指对建筑材料、构件和建筑安装物进行一般鉴定、检查所发生的费用，包括自设试验室进行试验所耗用的材料和化学药品等费用。不包括新结构、新材料的试验费和建设单位对具有出厂合格证明的材料进行检验，对构件做破坏性试验及其他特殊要求检验试验的费用。

（3）施工机械使用费，是指施工机械作业所发生的机械使用费以及机械安拆费和场外运费。施工机械台班单价应由下列7项费用组成。

①折旧费，指施工机械在规定的使用年限内，陆续收回其原值及购置资金的时间价值。

②大修理费，指施工机械按规定的大修理间隔台班进行必要的大修理，以恢复其正常功能所需的费用。

③经常修理费，指施工机械除大修理以外的各级保养和临时故障排除所需的费用。包括为保障机械正常运转所需替换设备与随机配备工具附具的摊销和维护费用，机械运转中日常保养所需润滑与擦拭的材料费用及机械停置期间的维护和保养费用等。

④安拆费及场外运费，安拆费指施工机械在现场进行安装与拆卸所需的人工、材料、机械和试运转费用以及机械辅助设施的折旧、搭设、拆除等费用；场外运费指施工机械整体或分体自停放地点运至施工现场或由一施工地点运至另一施工地点的运输、装卸、辅助材料及架线等费用。

⑤人工费，指机上司机（司炉）和其他操作人员的工作口人工费及上述人员在施工机械规定的年工作台班以外的人工费。

⑥燃料动力费，指施工机械在运转作业中所消耗的固体燃料（煤、木柴）、液体燃料（汽油、柴油）及水、电等费用。

⑦养路费及车船使用税，指施工机械按照国家规定和有关部门规定应缴纳的养路费、车船使用税、保险费及年检费等。

2. 措施费，是指为完成工程项目施工，发生于该工程施工前和施工过程中非工程实体项目的费用。内容如下所述。

（1）环境保护费，是指施工现场为达到环保部门要求所需要的各项费用。

（2）文明施工费，是指施工现场文明施工所需要的各项费用。

（3）安全施工费，是指施工现场安全施工所需要的各项费用。

（4）临时设施费，是指施工企业为进行建筑工程施工所必须搭设的生活和生产用的临时建筑物、构筑物和其他临时设施费用等。

临时设施包括临时宿舍、文化福利及公用事业房屋与构筑物，仓库、办公室、加工厂以及规定范围内道路、水、电、管线等临时设施和小型临时设施。

临时设施费用包括临时设施的搭设、维修、拆除费或摊销费。

（5）夜间施工费，是指因夜间施工所发生的夜班补助费、夜间施工降效、夜间施工照明设备摊销及照明用电等费用。

（6）二次搬运费，是指因施工现场场地狭小等特殊情况而发生的二次搬运费用。

（7）大型机械设备进出场及安拆费，是指机械整体或分体自停放场地运至施工现场或由一个施工地点运至另一个施工地点，所发生的机械进出场运输及转移费用及机械在施工现场进行安装、拆卸所需的人工费、材料费、机械费、试运转费和安装所需的辅助设施的费用。

（8）混凝土、钢筋混凝土模板及支架费，是指混凝土施工过程中需要的各种钢模板、木模板、支架等的支、拆、运输费用及模板、支架的摊销（或租赁）费用。

（9）脚手架费，是指施工需要的各种脚手架搭、拆、运输费用及脚手架的摊销（或租赁）费用。

（10）已完工程及设备保护费，是指竣工验收前，对已完工程及设备进行保护所需费用。

（11）施工排水、降水费，是指为确保工程在正常条件下施工，采取各种排水、降水措施所发生的各种费用。

（12）垂直运输机械费，是指装饰装修工程在施工有效期内发生的垂直运输机械使用费。

（13）室内空气污染测试费，是指装饰装修工程完成时，按照国家规定的标准，测定室内空气污染程度而发生的费用。

（二）间接费

间接费由规费、企业管理费构成。

1. 规费，是指政府和有关权力部门规定必须缴纳的费用（简称规费）。

（1）工程排污费，是指施工现场按规定缴纳的工程排污费。

（2）工程定额测定费，是指按规定支付工程造价（定额）管理部门的定额测定费。

（3）社会保障费，内容如下所述。

①养老保险费，是指企业按规定标准为职工缴纳的基本养老保险费。

②失业保险费，是指企业按照国家规定标准为职工缴纳的失业保险费。

③医疗保险费，是指企业按照规定标准为职工缴纳的基本医疗保险费。

（4）住房公积金，是指企业按规定标准为职工缴纳的住房公积金。

（5）危险作业意外伤害保险，是指按照我国《建筑法》规定，企业为从事危险作业的建筑安装施工人员支付的意外伤害保险费。

2. 企业管理费，是指建筑安装企业组织施工生产和经营管理所需费用。

（1）管理人员工资，是指管理人员的基本工资、工资性补贴、职工福利费、劳动保护费等。

（2）办公费，是指企业管理办公用的文具、纸张、账表、印刷、邮电、书报、会议、水电、烧水和集体取暖（包括现场临时宿舍取暖）用煤等费用。

（3）差旅交通费，是指职工因公出差、调动工作的差旅费、住勤补助费，市内交通费和误餐补助费，职工探亲路费，劳动力招募费，职工离退休、退职一次性路费，工伤人员就医路费，工地转移费以及管理部门使用的交通工具的油料、燃料、养路费及牌照费。

（4）固定资产使用费，是指管理和试验部门及附属生产单位使用的属于固定资产的房屋、设备仪器等的折旧、大修、维修或租赁费。

（5）工具用具使用费，是指管理使用的不属于固定资产的生产工具、器具、家具、交通工具和检验、试验、测绘、消防用具等的购置、维修和摊销费。

（6）劳动保险费，是指由企业支付离退休职工的易地安家补助费、职工退职金、6个月以上的病假人员工资、职工死亡丧葬补助费、抚恤费、按规定支付给离休干部的各项经费。

（7）工会经费，是指企业按职工工资总额计提的工会经费。

（8）职工教育经费，是指企业为职工学习先进技术和提高文化水平，按职工工资总额计提的费用。

（9）财产保险费，是指施工管理用财产、车辆保险。

（10）财务费，是指企业为筹集资金而发生的各种费用。

（11）税金，是指企业按规定缴纳的房产税、车船使用税、土地使用税、印花税等。

（12）其他费用，包括技术转让费、技术开发费、业务招待费、绿化费、广告费、公证费、法律顾问费、审计费、咨询费等。

（三）利润

是指施工企业完成所承包工程获得的赢利。

（四）税金

是指国家税法规定的应计入建筑安装工程造价内的营业税、城市维护建设税及教育费附加等。

三、"定额计价模式"预算造价各项费用的计算方法

$$装饰装修工程预算造价 = 直接费 + 间接费 + 利润 + 税金$$

（一）直接费

1. 直接工程费

$$直接工程费 = 人工费 + 材料费 + 施工机械使用费$$

（1）人工费

$$人工费 = \sum（工日消耗量 \times 日工资单价）$$

$$日工资单价（G） = \sum_{i=1}^{5} G_i$$

①基本工资

$$基本工资（G_1） = \frac{生产工人平均月工资}{年平均每月法定工作日}$$

②工资性补贴

$$工资性补贴（G_2） = \frac{\sum 年发放标准}{全年日历日 - 法定假日} + \frac{\sum 月发放标准}{年平均每月法定工作日} + 每工作日发放标准$$

③生产工人辅助工资

$$生产工人辅助工资（G_3） = \frac{全年无效工作日 \times （G_1 + G_2）}{全年日历日 - 法定假日}$$

④职工福利费

$$职工福利费（G_4） = （G_1 + G_2 + G_3） \times 福利费计提比例（\%）$$

⑤生产工人劳动保护费

$$生产人工劳动保护费（G_5） = \frac{生产工人年平均支出劳动保护费}{全年日历日 - 法定假日}$$

（2）材料费

$$材料费 = \sum（材料消耗量 \times 材料基价） + 检验试验费$$

①材料基价

$$材料基价 = [（供应价格 + 运杂费） \times （1 + 运输损耗率）] \times （1 + 采购保管费率）$$

②检验试验费

$$检验试验费 = \sum（单位材料量检验试验费 \times 材料消耗量）$$

（3）施工机械使用费

$$施工机械使用费 = \sum（施工机械台班消耗量 \times 机械台班单价）$$

160

其中：机械台班单价 = 台班折旧费 + 台班大修费 + 台班经常修理费 + 台班安拆费及场外
运费 + 台班人工费 + 台班燃料动力费 + 台班养路费及车船使用税

2. 措施费

本规则中只列通用措施费项目的计算方法，各专业工程的专用措施费项目的计算方法由各地区或国务院有关专业主管部门的工程造价管理机械机构自行制定。

（1）环境保护费

$$环境保护费 = 直接工程费 \times 环境保护费费率（\%）$$

$$环境保护费费率（\%）= \frac{本项费用年度平均支出}{全年建安产值 \times 直接工程费占总造价比例（\%）}$$

（2）文明施工费

$$文明施工费 = 直接工程费 \times 文明施工费费率（\%）$$

$$文明施工费费率（\%）= \frac{本项费用年度平均支出}{全年建安产值 \times 直接工程费占总造价比例（\%）}$$

（3）安全施工费

$$安全施工费 = 直接工程费 \times 安全施工费费率（\%）$$

$$安全施工费费率（\%）= \frac{本项费用年度平均支出}{全年建安产值 \times 直接工程费占总造价比例（\%）}$$

（4）临时设施。临时设施费由以下 3 部分组成：

①周转使用临建（如，活动房屋）。

②一次性使用临建（如，简易建筑）。

③其他临时设施（如，临时管线）。

$$临时设施费 = （周转使用临建费 + 一次使用临建费）\times [1 + 其他临时设施所占比例（\%）]$$

其中：

$$周转使用临建费 = \sum \left[\frac{临建面积 \times 每平方米造价}{使用年限 \times 365 \times 利用率（\%）} \times 工期（天）\right] + 一次性拆除费$$

$$一次性使用临建费 = \sum 临建面积 \times 每平方米造价 \times （1 - 残值率）+ 一次性拆除费$$

其他临时设施在临时设施费中所占比例，可由各地区造价管理部门依据典型施工企业的成本资料经分析后综合测定。

（5）夜间施工增加费

$$夜间施工增加费 = \left（1 - \frac{合同工期}{定额工期} \times \frac{直接工程费中的人工费合计}{平均日工资单价}\right）\times 每工日夜间施工费开支$$

（6）二次搬运费

$$二次搬运费 = 直接工程费 \times 二次搬运费费率（\%）$$

$$二次搬运费费率（\%）= \frac{年平均二次搬运费开支额}{全年建安产值 \times 直接工程费占总造价比例（\%）}$$

（7）大型机械进出场及安拆费

$$大型机械进出场及安拆费 = \frac{一次进出场及安拆费 \times 年平均安拆次数}{年工作台班}$$

（8）混凝土、钢筋混凝土模板及支架费

①模板及支架费 = 模板摊销量 × 模板价格 + 支、拆、运输费

$$摊销量 = 一次使用量 \times (1 + 施工损耗) \times \left[1 + \frac{(周转次数 - 1) \times 损耗率}{周转次数} - \frac{(1 - 补损率) \, 50\%}{周转次数} \right]$$

②租赁费 = 模板使用量 × 使用日期 × 租赁价格 + 支、拆、运输费

（9）脚手架搭拆费

①脚手架搭拆费 = 脚手架摊销量 × 脚手架价格 + 搭、拆、运输费

$$脚手架摊销量 = \frac{单位一次使用量 \times (1 - 残值率)}{耐用期 \div 一次使用期}$$

②租赁费 = 脚手架每日租金 × 搭设周期 × 搭、拆、运输费

（10）已完工程及设备保护费

已完工程及设备保护费 = 成品保护所需机械费 + 材料费 + 人工费

（11）施工排水、降水费

排水、降水费 = ∑ 排水、降水机械台班费 × 排水、降水周期

+ 排水、降水使用材料费、人工费

（12）垂直运输机械费

垂直运输机械使用费包括各种材料垂直运输机械使用费和施工人员上下班使用外用电梯费。

檐口高度 3.6m 以内的单层建筑物，不计算垂直运输机械使用费。

带一层地下室的建筑物，若地下室垂直运输高度小于 3.6m，则地下层不计算垂直运输机械使用费。

装饰装修楼层的垂直运输机械使用费可按以下步骤进行：

①计算出装饰装修楼层中所有装饰装修工程所需的综合人工工日数，计量单位：100 工日。

②根据建筑物檐高、垂直运输高度、查《全国统一建筑装饰装修工程消耗量定额》第八章中垂直运输费定额表，得出垂直运输机械名称及其台班定额。垂直运输高度：设计室外地坪以上部分指室外地坪至相应楼面的高度；设计室外地坪以下部分指室外地坪至相应地下室楼（地）面的高度。

③计算垂直运输机械台班数：

垂直运输机械台班数 = 综合人工工日数 × 垂直运输机械台班定额

④计算垂直运输机械使用费

垂直运输机械使用费 = 垂直运输机械台班数 × 相应垂直运输机械台班单价

垂直运输机械台班单价从《全国统一施工机械台班费用编制说明》中查得。

（13）室内空气污染测试费

室内空气污染测试费一般是预先估算，待正式测定时按实际开支的费用结算。

（二）间接费

间接费的计算方法按取费基数的不同分为以下 3 种。

1. 以直接费为计算基础

间接费 = 直接费合计 × 间接费费率（%）

2. 以人工费和机械费合计为计算基础

间接费 = 人工费和机械费合计 × 间接费费率（%）

$$间接费费率（\%）＝规费费率（\%）＋企业管理费费率（\%）$$

3. 以人工费为计算基础

$$间接费＝人工费合计×间接费费率（\%）$$

（1）规费费率。根据本地区典型工程发承包价的分析资料综合取定规费计算中所需数据。

①每万元发承包价中人工费含量和机械费含量。

②人工费占直接费的比例。

③每万元发承包价中所含规费缴纳标准的各项基数。

规费费率的计算公式如下所述：

①以直接费为计算基础

$$规费费率(\%)＝\frac{\sum 规费缴纳标准×每万元发承包价计算基数}{每万元发承包价中的人工费含量}×人工费占直接费的比例(\%)$$

②以人工费和机械费合计为计算基础

$$规费费率（\%）＝\frac{\sum 规费缴纳标准×每万元发承包价计算基数}{每万元发承包价中的人工费含量和机械含量}×100\%$$

③以人工费为计算基础

$$规费费率（\%）＝\frac{\sum 规费缴纳标准×每万元发承包价计算基数}{每万元发承包价中的人工费含量}×100\%$$

（2）企业管理费费率。企业管理费费率计算公式如下所述。

①以直接费为计算基础

$$企业管理费费率＝\frac{生产工人年平均管理费}{年有效施工天数×人工单价}×人工费占直接费比例（\%）$$

②以人工费和机械费合计为计算基础

$$企业管理费费率（\%）＝\frac{生产工人年平均管理费}{年有效施工天数×（人工单价＋每一工日机械使用费）}×100\%$$

③以人工费为计算基础

$$企业管理费费率（\%）＝\frac{生产工人年平均管理费}{年有效施工天数×人工单价}×100\%$$

（三）利润

利润计算公式如下所述。

①以直接费为计算基础

$$利润＝（直接费＋间接费）×利润率$$

②以人工费和机械费合计为计算基础

$$利润＝（人工费＋机械费）×利润率$$

③以人工费为计算基础

$$利润＝人工费×利润率$$

（四）税金

1. 税金计算公式

$$税金＝（税前造价＋利润）×综合税率(\%)$$

2. 税率的确定

（1）营业税的税率。国家规定，建筑安装工程营业税按营业收入额（建筑安装工程全部收入）的3%计算。

（2）城市维护建设税的税率。国家规定，城市维护建设税的税率要根据纳税人所在地的不同，分3种情况予以确定。

①纳税人所在地为市区者，为营业税的7%。

②纳税人所在地为县、镇者，为营业税的5%。

③纳税人所在地为农村者，为营业税的1%。

（3）教育费附加的税率。国家规定，教育费附加的税率按营业税的3%计算。

3. 综合税率的确定

（1）纳税地点在市区的企业

$$综合税率(\%) = \frac{1}{1 - 3\% - (3\% \times 7\%) - (3\% \times 3\%)} - 1 = 3.41\%$$

（2）纳税地点在县城、镇的企业

$$综合税率(\%) = \frac{1}{1 - 3\% - (3\% \times 5\%) - (3\% \times 3\%)} - 1 = 3.34\%$$

（3）纳税地点不在市区、县城、镇的企业

$$综合税率(\%) = \frac{1}{1 - 3\% - (3\% \times 1\%) - (3\% \times 3\%)} - 1 = 3.22\%$$

四、工料机分析和材料价差的调整

（一）工料机分析

工料机分析就是对工程所需要的各种人工、材料、机械台班的用量进行计算分析，进而统计出工程项目、系统工程及分部分项工程所需的各种人工数量、材料数量及机械台班用量。其原理是先用分项工程人工、材料、机械的单位用量（定额用量）乘以其工程量，然后逐级汇总得到单位工程（或单项工程、分部工程）的各种人工、材料、机械台班的需用量。工料机分析是基础预算价格确定、工程单价分析的前提和基础，也是编制各种资源需要量计划的依据。

工料机分析应从分项工程开始，首先得出每一分项工程所需要的各种人工、材料和机械台班的消耗量，然后再逐项汇总得到单位工程或单项工程的总用量。计算公式如下

$$H_j = \sum_{i=1}^{n} \frac{h_{ij} \times Q_i}{T_i}$$

$$M_j = \sum_{i=1}^{n} \frac{m_{ij} \times Q_i}{T_i}$$

$$E_j = \sum_{i=1}^{n} \frac{e_{ij} \times Q_i}{T_i}$$

式中　H_j——工程所需 j 工种人工的总消耗量；

　　　M_j——工程所需 j 种材料的总消耗量；

　　　E_j——工程所需 j 种机械的总消耗量；

h_{ij}——分项工程 i 所需 j 工种人工的（定额）单位消耗量；

m_{ij}——分项工程 i 所需 j 种材料的（定额）单位消耗量；

e_{ij}——分项工程 i 所需 j 种机械的（定额）单位消耗量；

Q_i——分项工程 i 的基本单位工程量；

T_i——分项工程 i 的定额单位比工程量基本单位扩大的倍数。

工料分析结果应填入工料分析表，见表8-1。

表8-1 某工程工料分析表

序　号	编　码	资源名称	规　格	单　位	用　量
1		综合工日		工日	2356.26
2		商品混凝土	C20 <40 石子	m³	560.231
3		水泥	32.5MPa	t	146.4
4		中砂	过筛	m³	8860.0
5		钢筋 HPB235 级	φ12	t	9.783
6		钢筋 HPB235 级	φ20	t	36.783
7		红青砖	标准	块	14247.0

将材料的总用量除以建筑面积或工程总造价可以得到不同材料的用量指标。

每平方米建筑面积材料用量指标 = 材料总用量/建筑面积

每万元产值材料用量指标 = 材料总用量/工程总造价（万元）

（二）材料价差的调整

1. 材料价差产生的原因

在"定额计价"模式下，直接工程费是依照预算定额基价确定的。预算定额基价中的材料费是根据编制定额所在地区的省会城市所在地的材料预算价格计算。由于材料价格的时效性，地区材料预算价格随着时间的变化而发生变化，其他地区使用该预算定额时材料预算价格也会发生变化，而预算定额却具有相对稳定性，实际价格与预算价格就存在差额，所以，为了使工程造价与实际造价更接近，在工程造价计算过程中，一般还要根据工程所在地区的材料预算价格调整材料价差。

2. 材料价差调整方法

材料价差的调整有两种基本方法，即单项材料价差调整法和材料价差综合系数调整法。

（1）单项材料价差调整。当采用单位估价法计算定额直接费时，一般对影响工程造价较大的主要材料（如钢材、木材、水泥、花岗岩、大理石等）进行单项材料价差调整。其常用的公式为

单项材料价差调整 = $\sum$ [单位工程某种材料消耗量 × （实际或指导预算价格
－预算定额中材料预算基价）]

【例8-1】 根据某工程有关材料消耗量和现行材料预算价格调整材料价差，有关数据如表8-2所示。

表 8-2　某工程有关材料消耗量和材料预算价格表

材料名称	单位	数量	实际预算价格	定额中预算基价
42.5 级水泥	kg	7345.10	0.28	0.30
φ10 圆钢筋	kg	5618.25	2.80	2.40
锯材	m³	16.40	1200.00	900.0

【解】　（1）直接计算

单项材料价差调整 $= 7345.10 \times (0.28 - 0.30) + 5618.25 \times (2.80 - 2.40) + 16.40 \times (1200 - 900)$

$\qquad\qquad\qquad\qquad = 7345.10 \times (-0.02) + 5618.25 \times 0.4 + 16.4 \times 300$

$\qquad\qquad\qquad\qquad = -146.90 + 2247.30 + 4920.00$

$\qquad\qquad\qquad\qquad = 7020.40$（元）

（2）用"单项材料价差调整表"（表 8-3）表示

表 8-3　单项材料价差调整表

工程名称：××工程

序号	材料名称及规格	单位	数量	基价（元）	调整价（元）	单价差（元）	复价差（元）	备注（注明调价来源）
1	42.5 级水泥	kg	7345.10	0.30	0.28	-0.02	-146.90	
2	φ10 圆钢筋	kg	5618.25	2.40	2.80	0.4	2247.30	
3	锯材	m³	16.40	900.0	1200.00	300	4920.00	
	合计						7020.40	

（2）综合系数调整材料价差。采用单项材料价差的调整方法，其优点是准确性高，但计算过程较繁杂。因此，一些用量少，单价相对低的材料（如地方材料、辅助材料等）常采用综合系数的方法来调整单位工程材料价差。

采用综合系数调整材料价差的具体做法就是用单位工程定额材料费或定额直接费乘以综合调价系数，求出单位工程材料价差，其计算公式如下

单位工程采用综合系数调整材料价差 = 单位工程定额材料费（或定额直接费）×材料价差综合调整系数

【例 8-2】　某工程的定额材料费为 786457.35 元，按规定以定额材料费为基础乘以综合调价系数 1.38%，计算该工程综合材料价差。

【解】　某工程综合材料价差 = 786457.35 × 1.38% = 10853.11（元）

需要说明，一个单位工程可以单独采用单项材料价差调整的方法来调整材料价差，也可单独采用综合系数的方法来调整材料价差，还可以将上述两种方法结合起来调整材料价差，这主要是根据定额管理部门的规定来进行材料价差调整。

五、"定额计价模式"预算造价的计价程序

根据建设部第 107 号部令《建筑工程施工发包与承包计价管理办法》的规定，发包与承包价的计算方法分为工料单价法和综合单价法，按照建标〔2003〕206 号文件所确定的《建筑安装工程计价程序》主要有以下几方面。

（一）工料单价法计价程序

工料单价法是以分部分项工程量乘以单价后的合计为直接工程费，直接工程费以人工、

材料、机械的消耗量及其相应价格确定。直接工程费汇总后另加间接费、利润、税金生成工程发承包价，其计算程序分为三种：

1. 以直接费为计算基础（表8-4）

表8-4　工料单价法计价程序（一）

序　　号	费用项目	计算方法	备　　注
1	直接工程费	按预算表	
2	措施费	按规定标准计算	
3	小计	1+2	
4	间接费	3×相应费率	
5	利润	(3+4)×相应利润率	
6	合计	3+4+5	
7	含税造价	6×（1+相应税率）	

2. 以人工费和机械费为计算基础（表8-5）

表8-5　工料单价法计价程序（二）

序　　号	费用项目	计算方法	备　　注
1	直接工程费	按预算表	
2	其中人工费和机械费	按预算表	
3	措施费	按规定标准计算	
4	其中人工费和机械费	按规定标准计算	
5	小计	1+3	
6	人工费和机械费小计	2+4	
7	间接费	6×相应费率	
8	利润	6×相应利润率	
9	合计	5+7+8	
10	含税造价	9×（1+相应税率）	

3. 以人工费为计算基础（表8-6）

表8-6　工料单价法计价程序（三）

序　　号	费用项目	计算方法	备　　注
1	直接工程费	按预算表	
2	直接工程费中人工费	按预算表	
3	措施费	按规定标准计算	
4	措施费中人工费	按规定标准计算	
5	小计	1+3	
6	人工费小计	2+4	
7	间接费	6×相应费率	
8	利润	6×相应利润率	
9	合计	5+7+8	
10	含税造价	9×（1+相应税率）	

（二）综合单价法计价程序

综合单价法是分部分项工程单价为全费用单价，全费用单价经综合计算后生成，其内容包括直接工程费、间接费、利润和税金（措施费也可按此方法生成全费用价格）。

各分项工程量乘以综合单价的合价汇总后，生成工程发承包价。

由于各分部分项工程中的人工、材料、机械含量的比例不同，各分项工程可根据其材料费占人工费、材料费、机械费合计的比例（以字母"C"代表该项比值）在以下三种计算程序中选择一种计算其综合单价。

1. 以直接费为计算基础

当 $C > C_0$（C_0 为本地区原费用定额测算所选典型工程材料费占人工费、材料费和机械费合计的比例）时，可采用以人工费、材料费、机械费合计为基数计算该分项的间接费和利润，见表8-7。

表8-7　综合单价法计价程序（一）

序　　号	费 用 项 目	计 算 方 法	备　　注
1	分项直接工程费	人工费＋材料费＋机械费	
2	间接费	1×相应费率	
3	利润	（1＋2）×相应利润率	
4	合计	1＋2＋3	
5	含税造价	4×（1＋相应税率）	

2. 以人工费和机械费为计算基础

当 C 小于 C_0 值的下限时，可采用以人工费和机械费合计为基数计算该分项的间接费和利润，见表8-8。

表8-8　综合单价法计价程序（二）

序　　号	费 用 项 目	计 算 方 法	备　　注
1	分项直接工程费	人工费＋材料费＋机械费	
2	其中人工费和机械费	人工费＋材料费	
3	间接费	1×相应费率	
4	利润	2×相应利润率	
5	合计	1＋2＋3	
6	含税造价	5×（1＋相应税率）	

3. 以人工费为计算基础

如该分项的直接费仅为人工费，无材料费和机械费时，可采用以人工费为基数计算该分项的间接费和利润，见表8-9。

表8-9　综合单价法计价程序（三）

序　　号	费 用 项 目	计 算 方 法	备　　注
1	分项直接工程费	人工费＋材料费＋机械费	
2	直接工程费中人工费	人工费	
3	间接费	2×相应费率	
4	利润	2×相应利润率	
5	合计	1＋3＋4	
6	含税造价	5×（1＋相应税率）	

六、"定额计价模式"预算造价计价程序案例

以"工料单价法"计价程序中的"以直接费为计算基础"为例。

【例 8-3】　已知某装饰装修工程预算人工费 4530 元、材料费 24160 元、机械使用费 1510 元，措施费为 5700 元，间接费费率为 5%，利润率为 7%，税率为 3.41%，则该工程预算造价为多少？

【解】　该工程预算费用的具体计算如表 8-10 所示。

表 8-10　某装饰装修工程预算费用计算表

序　号	费 用 名 称	计 算 公 式	金额（元）	备　　注
1	直接工程费	人工费＋材料费＋机械使用费	30200	
2	措施费		5700	
3	直接费小计	直接工程费＋措施费	35900	
4	间接费	直接费×间接费费率	1795	
5	直接费＋间接费		37695	
6	利润	（直接费＋间接费）×利润率	2639	
7	税金	（直接费＋间接费＋利润）×税率	1375	
8	预算费用合计	直接费＋间接费＋利润＋税金	41709	

第二节　"工程量清单计价模式"预算造价的计算

"工程量清单计价模式"（简称"清单计价模式"）预算造价主要表现为招标人的标底价格和投标人的投标报价。

一、"清单计价模式"预算造价各项费用的构成

清单计价模式下的装饰装修工程造价各项费用的构成见图 8-2。

二、"清单计价模式"工程造价各项费用的含义与计算方法

工程量清单计价规范规定：装饰装修工程工程量清单计价应包括按招标文件规定，完成工程量清单所列项目的全部费用，包括分部分项工程费、措施项目费、其他项目费和规费、税金。

（一）分部分项工程费

分部分项工程费即完成招标文件中所提供的分部分项工程量清单项目所需的费用。分部分项工程量清单计价应采用综合单价计价。

综合单价指完成工程量清单中一个规定计量单位项目所需的人工费、材料费、施工机械使用费、管理费和利润，并考虑风险因素增加的费用。即

分部分项工程综合单价＝人工费＋材料费＋施工机械使用费＋管理费＋利润

分部分项工程工程量清单计价合计＝∑（分部分项工程综合单价×相应工程量）

1. 人工费、材料费、施工机械使用费

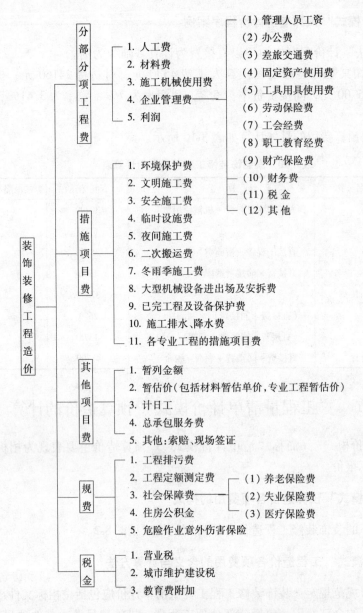

图 8-2 装饰装修工程量清单费用构成

人工费、材料费、施工机械使用费在费用项目构成中属于直接工程费项目，其计算方法见表 8-11。

表 8-11 人工费、材料费、施工机械使用费构成及计算表

费用名称	含　义	构 成 内 容	计 算 方 法
人工费	指直接从事建筑安装工程施工的生产工人开支的各项费用	①基本工资 ②工资性补贴 ③生产工人辅助工资 ④职工福利费 ⑤生产工人劳动保护费	人工费 = $\sum$（工日消耗量 × 日工资单价）

170

费用名称	含 义	构 成 内 容	计 算 方 法
材料费	指施工过程中耗费的构成工程实体的原材料、辅助材料、构配件、零件、半成品的费用	①材料原价（或供应价格）②材料运杂费③运输损耗费④采购及保管费⑤检验试验费	材料费 = ∑（材料消耗量×材料基价）+ 检验试验费
机械费	指施工机械作业所发生的机械使用费以及机械安拆费和场外运费	①折旧费②大修理费③经常修理费④安拆费及场外运费⑤人工费⑥燃料动力费⑦养路费及车船使用税	施工机械使用费 = ∑（施工机械台班消耗量×机械台班单价）

从表 8-11 中可看出：决定人工费、材料费、机械费高低的因素有两个，即工、料、机"消耗量"和"单价"。按工程量清单计价规范规定：

招标工程如设标底，标底应根据招标文件中的工程量清单和有关要求、施工现场实际情况、合理的施工方法以及按照省、自治区、直辖市建设行政主管部门制定的有关工程造价计价办法进行编制。

投标报价应根据招标文件中的工程量清单或有关要求、施工现场实际情况及拟定的施工方案或施工组织设计，依据企业定额和市场价格信息，或参照建设行政主管部门发布的社会平均消耗量定额进行编制。

由此看来，清单计价模式下的投标报价，其工、料、机"消耗量"及"单价"的形成，要根据企业自身的施工水平、技术及机械装备力量，管理水平，材料、设备的进货渠道、市场价格信息等确定，和定额计价模式，工、料、机"消耗量"和"单价"按各地区颁布的预算定额执行是完全不同的。

要做好投标报价工作，企业就要根据本企业施工技术管理水平逐步制定企业定额，即供本企业使用的人工、材料、施工机械消耗量标准，以反映企业的个别成本。同时还要收集工程价格信息，包括本地区、其他地区人工价格信息、工程材料价格信息、设备价格信息及工程施工机械租赁价格信息等，把收集的价格信息进行整理、统计、分析，以预测价格变动趋势，力保在报价中把风险因素降到最低。因清单计价是合理低价中标，投标人要想中标，就得通过采取合理的施工组织方案、先进的施工技术、科学的管理方式等措施来降低工程成本，达到中标并且获利的目的。

投标人在报价时，有企业定额的情况下，最好使用内部成果报价，以反映企业个别成本。无企业定额的情况下，只有参考现行消耗量定额、预算定额和积累的相关资料才能实现报价。

2. 企业管理费

指建筑安装企业组织施工生产和经营管理所需费用。其包括的内容见图 8-2。

管理费的计算可用下式表示

$$管理费 = 取费基数 \times 管理费率（\%）$$

其中取费基数可按以下三种情况取定：①人工费、材料费、机械费合计；②人工费和机械费合计；③人工费。

企业管理费率取定应根据本企业管理水平，同时考虑竞争的需要来确定。若无此报价资料时，可以参考各省市建设行政主管部门发布的管理费浮动费率执行。

企业管理费属于工程成本要素中的一部分，为了节约其费用开支，在施工过程中，要注意提高管理人员的综合素质，做到高效精干，提倡一专多能。其中现场管理费的高低在很大程度上取决于管理人员的多少。管理人员的多少，不仅反映了管理水平的高低，影响到管理费的多少，而且还影响临设费用等。为了有效地控制管理费开支，降低管理费标准，增强企业的竞争力，在投标初期就应严格控制管理人员和辅助人员的数量，同时合理确定其他管理费开支项目的水平。

3. 利润

指施工企业完成所承包工程获得的赢利。

在工程量清单计价模式下，利润不单独体现，而是被分别计入分部分项工程费、措施项目费和其他项目费当中。其计算式可表示为

$$利润 = 取费基数 \times 利润率（\%）$$

取费基数可以以"人工费"或"人工费、机械费合计"或"人工费、材料费、机械费合计"为基数来取定。

利润是竞争最激烈的项目，投标人在报价时，利润率应根据拟建工程的竞争激烈程度和其他投标单位竞争实力来取定。如某拟建工程竞争单位有五家，其余四家目前处于工程不饱满状态，急于承揽此工程，因此可能采取降低利润方式报价。考虑竞争需要，只有采取低利润报价，才有可能中标。

4. 确定综合单价时应注意的问题

（1）清单工程量与施工方案工程量的区别。按照清单计价规范中工程量计算规则所计算的清单工程量，与在施工过程中根据现场实际情况及其他因素所采用的施工方案计算出的工程数量是有所不同的。如土方工程中，清单项目所提供的工程量仅为图示尺寸的工程数量，没有考虑实际施工过程中要增加工作面、放坡部分的数量，投标人报价时，要把增加部分的工程数量折算到综合单价内。

（2）清单项目中所包含的工程内容多少。综合单价报价的高低与完成一个分项工程所包含的工程内容有直接的关系。很显然，所包含的工程内容多，则单价高，否则单价就低。如某卫生间地面做法包括：垫层、找平层、防水层、面层，若防水项目单独编码列项，则卫生间地面工程中就不能再包括防水项目的内容，否则重复列项，影响报价的准确性。在"定额计价"中，楼地面工程中的垫层、找平层、面层都是单独编码列项的，而"清单计价"中，这三项工程内容就合并为一项，即楼地面面层。注意确定综合单价时，不要漏项。

另外，清单计价规范附录中"工程内容"栏所列的工程内容，没有区别不同设计逐一列出，就某一个具体工程项目而言，确定综合单价时，附录中所列工程内容仅供参考，投标人在报价时，一要注意招标文件中分部分项工程量清单相应栏中的提示，二要结合承包单位所采用的施工方案，来确定完成清单项目所要完成的工程内容。

（3）考虑风险因素所增加的费用。风险是无处不在而且随时可能发生的，风险是指活动或事件发生的潜在可能性和导致的不良后果。工程项目风险是指工程项目在设计、采购、施工及竣工验收等各阶段、各环节可能遭遇的风险。

在"定额计价"模式下，施工企业一般是在不考虑风险的情况下，承包建设工程项目的；"清单计价"模式下，要求企业在进行工程计价时，充分考虑工程项目风险的因素。

对于承包商来讲，投标报价时，要考虑的风险一般有：政治风险（如战争与内乱等）、经济风险（如物价上涨、税收增加等）、技术风险（如地质地基条件、设备资料供应、运输问题等）、公共关系等方面的风险（与业主的关系、与工程师的关系等）及管理方面的风险。

对于具体工程项目来讲，还要面临如下风险：决策错误风险（如信息取舍失误或信息失真风险）、缔约和履约风险（包括如不平等的合同条款或存在对承包人不利的缺陷、施工管理技术不熟悉、资源和组织管理不当等）、责任风险（如违约等）。

由于承包商在工程承包过程中承担了巨大的风险，所以在投标报价中，要善于分析风险因素，正确估计风险的大小，认真研究风险防范措施，以确定风险因素所增加的费用。

（4）分部分项工程量清单综合单价内，不得包括招标人自行采购材料的价款。

（二）措施项目费

措施项目费是指为完成工程项目施工，发生于该工程施工前和施工过程中非工程实体项目的费用，即为保证工程顺利进行，按照国家现行有关建设工程施工及验收规范、规程要求，必须配套完成的工程内容所需的费用。

1. 措施项目费的构成（图 8-2）

2. 措施项目费的计算

投标人在计算各项措施费时，应根据拟建工程的施工方案或施工组织设计，参照清单计价规范的综合单价组成确定。对于属于定额计价方法下费用项目组成中的其他直接费或现场经费项目，也可按照在"取费基数"基础上乘以"费率"的方法来确定。

取费基数及费率应根据企业所累积的报价资料确定，在无报价资料时，也可按各地区、各部门制定的基数及参考费率取定。

投标人在报价时需注意：招标人在措施项目清单中提出的措施项目，是根据一般情况确定的，没有考虑不同投标人的"个性"，因此，在投标报价时，可以根据所确定的施工方案的具体情况，增加措施项目内容，并进行报价。

（三）其他项目费

其他项目费包括暂列金额、暂估价、计日工和总承包服务费。

1. 暂列金额

暂列金额是招标人在工程量清单上暂定并包括在合同价款中的一笔款项。不管采用何种合同形式，其理想的标准是，一份建设工程施工合同的价格就是其最终的竣工结算价格，或者至少两者应尽可能接近，按有关部门的规定，经项目审批部门批复的设计概算是工程投资控制的刚性指标，即使是商业性开发项目也有成本的预先控制问题，否则，无法相对准确预测投资的收益和科学合理地进行投资控制。而工程建设自身的规律决定，设计需要根据工程进展不断地进行优化和调整，发包人的需求可能会随工程建设进展出现变化，工程建设过程还存在其他诸多不确定性因素。消化这些因素必然会影响合同价格的调整，暂列金额正是因这类不可避免的价格调整而设立，以便合理确定工程造价的控制目标。有一种错误的观念认为，暂列金额列入合同价格就属于承包人（中标人）所有了。事实上，即便是总价包干合同，也不是列入合同价格的任何金额都属于中标人的，是否属于中标人应得金额取决于具体的合同约定，暂列金额的定义是非常明确的，只有按照合同约定程序实际发生后，才能成为中标人的应得金额，纳入合同结算价款中。扣除实际发生金额后的暂列金额余额仍属于招标人所有。设立暂列金额并不能保证合同结算价格就不会再出现超过合同价格的情况，是否超出合同价格完全取决于工程量清单编制人对暂列金额预测的准确性，以及工程建设过程是否出现了其他事先未预测到的事件。

2. 暂估价

指招标阶段直至签订合同协议时，招标人在招标文件中提供的用于支付必然要发生但暂时不能确定价格的材料以及需另行发包的专业工程金额。其类似于 FIDIC 合同条款中的 Prime Cost Items，在招标阶段预见肯定要发生，只是因为标准不明确或者需要由专业承包人完成，暂时无法确定其价格或金额。

一般而言，为方便合同管理和计价，需要纳入分部分项工程量清单项目综合单价中暂估价则最好只是材料费，以方便投标人组价。以"项"为计量单位给出的专业工程暂估价一般应是综合暂估价，应当包括除规费、税金以外的管理费、利润等。

2. 计日工

计日工是为了解决现场发生的零星工作的计价而设立的。国际上常见的标准合同条款中，大多数都设立了计日工（Daywork）计价机制。计日工以完成零星工作所消耗的人工工时、材料数量、机械台班进行计量，并按照计日工表中填报的适用项目的单价进行计价支付。计日工适用的所谓零星工作一般是指合同约定之外的或者因变更而产生的、工程量清单中没有相应项目的额外工作，尤其是那些时间不允许事先商定价格的额外工作。计日工为额外工作和变更的计价提供了一个方便快捷的途径。但是，在以往的实践中，计日工经常被忽略。其中一个主要原因是因为计日工项目的单价水平一般要高于工程量清单项目单价的水平。理论上讲，合理的计日工单价水平一定是高于工程量清单的价格水平，其原因在于计日工往往是用于一些突发性的额外工作，缺少计划性，承包人在调动施工生产资源方面难免不影响已经计划好的工作，生产资源的使用效率也有一定的降低，客观上造成超出常规的额外投入。另一方面，计日工清单往往忽略给出一个暂定的工程量，无法纳入有效的竞争，也是造成计日工单价水平偏高的原因之一。因此，为了获得合理的计日工单价，计日工表中一定要给出暂定数量，并且需要根据经验，尽可能估算一个比较贴近实际的数量。当然，尽可能把项目列全，防患于未然，也是值得充分重视的工作。

4. 总承包服务费

总承包服务费是为了解决招标人在法律、法规允许的条件下进行专业工程发包以及自行采购供应材料、设备时，要求总承包人对发包的专业工程提供协调和配合服务（如分包人使用总包人的脚手架、水电接剥等）；对供应的材料、设备提供收、发和保管服务以及对施工现场进行统一管理；对竣工资料进行统一汇总整理等发生并向总承包人支付的费用。招标人应当预计该项费用并按投标人的投标报价向投标人支付该项费用。

（四）规费

规费是指政府和有关权力部门规定必须缴纳的费用（简称规费）。

1. 规费内容

①工程排污费；

②工程定额测定费；

③社会保障费（包括：养老保险费、失业保险费、医疗保险费）；

④住房公积金；

⑤危险作业意外伤害保险费。

其各项费用含义见本章第一节。

2. 规费计算

$$规费 = 取费基数 \times 规费费率（\%）$$

其中，取费基数根据具体情况可分别按"人工费"或"人工费、材料费合计"或"人工费、材料费、机械费合计"计算；规费费率一般以当地政府或有关部门制定的费率标准执行，规费的计算，一般按国家及有关部门规定的计算公式及费率标准计算。

（五）税金

税金是指国家税法规定的应计入建筑安装工程造价内的营业税、城市建设维护税及教育费附加等。税金可按下列公式计算

$$税金 = 取费基数 \times 税率（\%）$$

税金的计算，一般按国家及有关部门规定的计算公式及税率标准计算。

在"清单计价"模式下，除规费费率及税率按国家或有关造价部门规定的标准计算外，其他费率及工、料、机消耗量都应根据企业自身实力确定，以反映企业的个别成本。

企业要想在激烈的市场竞争中立于不败之地，在施工过程中，就要统筹考虑，精心选择施工方案，合理确定人工、材料、施工机械等要素的投入与配置，优化组合、合理控制现场费用和施工技术措施费用，以达到降低工程成本的目的。

三、"清单计价模式"工程造价的计价程序

装饰装修工程实行工程量清单计价，其工程造价的计价程序见表8-12。

表8-12　工程量清单计价的计价程序

序　号	名　　称	计　算　办　法
1	分部分项工程费	$\sum$（清单工程量×综合单价）
2	措施项目费	按规定计算（包括利润）
3	其他项目费	按招标文件规定计算
4	规费	（1＋2＋3）×费率
5	不含税工程造价	1＋2＋3＋4
6	税金	5×税率，税率按税务部门的规定计算
7	含税工程造价	5＋6

第九章 涉及装饰装修工程造价的其他工作

第一节 装饰装修工程招标与投标

一、招标投标范围

凡是新建、扩建工程和对原有房屋等建筑物进行装饰装修的工程，均应实行招标与投标。这里所称建筑装饰装修是指建筑物、构筑物内、外空间为达到一定的环境质量要求，使用装饰材料，对建筑物、构筑物的外部和内部进行装饰处理的工程建设活动。

二、招标投标阶段

一般建筑装饰工程的招标投标分为装饰装修方案招标投标和装饰装修招标投标两个阶段；简易和小型装修工程可根据招标人的需要，直接进行装饰装修施工招标和投标。

三、招标方式

常用的招标方式有以下两种：

1. 公开招标

是指招标单位通过海报、报刊、广播、电视等手段，在一定的范围内，公开发布招标信息、公告，以招引具备相应条件而又愿意参加的一切投标单位前来投标。

2. 邀请招标

它是非公开招标方式的一种。由招标单位向其所信任的、有承包能力的施工单位（不少于三家），发送招标通知书或招标邀请函件，在一般情况下，被邀请单位均应前往投标或及时复函说明不能参加投标的原因。它比公开招标一般地要节省人力、物力、财力，而且缩短招标工作周期。

四、招标程序与投标程序

1. 招标程序（图 9-1）
2. 投标程序（图 9-2）

五、标底

（一）标底编制原则

标底是由建设单位或委托招标代理单位编制的，标底用以作为审核投标报价的依据和评标、定标的尺度。

编制标底的原则是：标底价必须控制在有关上级部门批准的总概算或投资包干的限额以内。如有突破，除严格复核外，应先报经原批准单位同意，方可实施。另外，一个项目只准

176

确定一个标底。除实行"明标底"招标外，标底一旦确定即应严格保密，直至公布。

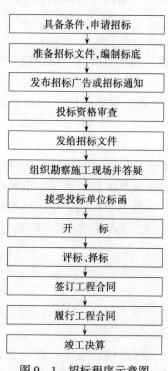

图 9-1 招标程序示意图

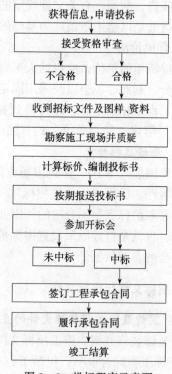

图 9-2 投标程序示意图

（二）标底的主要内容

招标标底是建筑安装工程造价的表现形式之一，是招标工程的预期价格，其组成内容主要有：

1. 标底的综合编制说明；

2. 标底价格审定书，标底价格计算书，带有价格的工程量清单，现场因素，各种施工措施费的测算明细以及采用固定价格工程的风险系数测算明细等；

3. 主要材料用量；

4. 标底附件：如各项交底纪要，各种材料及设备的价格来源，现场的地质、水文，地上情况的有关资料，编制标底价格所依据的施工方案或施工组织设计等。

（三）标底编制的依据

1. 招标文件的商务条款。

2. 装饰工程施工图纸、施工说明及设计交底或答疑纪要。

3. 施工组织设计（或施工方案）及现场情况的有关资料。

4. 现行装饰装修工程消耗量定额和补充定额，工程量清单计价方法和计量规则，现行取费标准，国家或地方有关价格调整文件规定，装饰工程造价信息等。

（四）标底的计价方法

按照建设部的有关示范文本，标底的编制以工程量清单为依据，我国目前建筑装饰装修工程施工招标标底主要采用工料单价法和综合单价法来编制。

1. **工料单价法**

工程量清单的单价，按照现行预算定额的工、料、机消耗标准及预算价格确定。其他直接费、间接费、利润、有关文件规定的调价、风险金、税金等费用计入其他相应标底计算表中。这实质上是以施工图预算为基础的标底编制方法。

2. 综合单价法

工程量清单的单价，应包括人工费、材料费、机械费、其他直接费、间接费、有关文件规定的调价、利润、税金以及采用固定价格的风险金等全部费用。综合单价确定后，再与各分部分项工程量相乘汇总，即可得到标底价格。这实质上是在预算单价（工料单价）基础上"并费"形成"完全单价"的标底编制方法。

（五）无标底招标

随着我国加入 WTO，建筑市场正逐步和国际惯例接轨，在招标投标过程中将逐步取消标底的强制性，提倡"无标底招标"。当然针对我国目前建筑市场发育状况，市场主体尚不成熟，彻底取消标底是不合适的。因此，"无标底招标"不是不要标底，应该是给标底赋予新的定义。也就是打破原来设置中标范围的框框，不用它来作为评标的硬性依据，而是作为评标委员会的参考依据。

六、招标文件与投标文件

（一）装饰装修工程招标文件的主要内容

建筑装饰装修方案、施工招标文件包括以下主要内容：

1. 招标工程综合说明：包括工程项目的批准文件、工程名称、地点、性质（新建、扩建、改建）、规模、总投资、有关工程建设的设计图纸资料、土建安装施工单位及形象进度要求。

2. 建筑装饰装修方案招标的范围和内容、标准以及装饰装修方案设计时限、投标单位设计资质的要求等。

3. 设计方案要求：包括总的设计思想要求，功能分区及使用效果要求，对装饰装修格调、标准、光照、色彩的要求，主要材料、设施使用、投资控制的要求，以及满足温度、噪声、消防安全等方面的标准和要求等。

4. 对方案设计效果图、平面图和中标后施工图的深度和份数的要求。

5. 投标文件编写要求及评标、定标方法。

6. 投标预备会、现场踏勘以及投标、开标、评标的时间和地点。

7. 对方案中标人在施工投标中的优惠及方案设计费，对未中标人的方案设计补偿费标准。

8. 装饰装修施工招标文件应符合建设工程施工招标办法的有关规定和要求。招标文件应当包括招标项目的技术要求，对投标单位资格审查的标准、投标报价要求和评标标准等所有与招标项目相关的实质性要求和条件，包括施工技术、装饰装修标准和工期等。

9. 投标人须知。

10. 工程量清单。

11. 拟定承包合同的主要条款和附加条款。

（二）装饰装修工程投标文件的主要内容

1. 方案投标文件主要内容

装饰方案投标文件一般包括以下主要内容：

（1）投标书：应标明投标单位名称、地址、负责人姓名、联系电话以及投标文件的主要内容。

（2）方案设计综合说明：包括设计构思、功能分区、方案特点、装饰装修风格、平面布局、整体效果、设计配备等。

（3）方案设计主要图纸（平、立、剖）及效果图。

（4）选用的主要装饰装修材料的产地、规格、品牌、价格和小样。

（5）施工图的设计周期。

（6）投资估算。

（7）授权委托书、装饰装修设计资质等级证书、设计收费资格证书、营业执照等资格证明材料。

（8）近两年的主要装修业绩和获得的各种荣誉（附复印件）。

2. 施工投标文件主要内容

施工投标文件一般包括以下主要内容：

（1）投标书：标明投标价格、工期、自报质量和其他优惠条件。

（2）授权委托书、营业执照、施工企业取费标准证书、资信证书、建设行政主管部门核发的施工企业资质等级证书、施工许可证、项目经理资质证书等；境外、省外企业进省招标投标许可证。

（3）预算书，总价汇总表。

（4）投标书辅助资料表。

（5）需要甲方供应的材料用量。

（6）投标人主要加工设备、安装设备和测试设备明细表。

（7）工程使用的主要材料及配件的产地、规格表，并提供小样。

（8）施工组织设计：包括主要工程的施工方法，技术措施，主要机具设备及人员专业构成，质量保证体系及措施、工期进度安排及保证措施、安全生产及文明施工保证措施、施工平面图等。

（9）近两年来投标单位和项目经理的工作业绩和获得的各种荣誉（提供证书复印件）。

七、开标、评标和决标

1. 开标

是在招标人主持下，按照招标文件规定的日期、地点向到会的各投标人和邀请参加的有关人员，当众启封投标书并予宣读，同时宣布标底。开标时邀请当地公证部门的代表到会公证。

2. 评标

是在开标以后，由专门的评标机构对各投标人的报价、工期、施工方案、保证质量措施、社会信誉和优惠条件进行综合评议。它通常以报价、工期、施工质量水平等三项为主要指标，其中报价一项又占重要地位。评议应力求定性与定量分析相结合，公证无私地择优选标。

3. 决标

是根据评标评议的结果，决定中标人，也称定标。一经决标，招标人应即发出中标通知，向落标人退回投标保证金证书；并将评标、决标的情况报告向有关上级主管部门报送、备案。

八、装饰装修施工合同

根据建设部、国家工商行政管理局建监（1996）585 号文件的规定，为维护承发包双方权益，建筑装饰装修工程施工合同签订必须使用全国统一建筑装饰工程施工合同甲种本（GF—96—0205）和乙种本（GF—96—0206）两种文本。甲种文本适用于工程造价在 500 万元以上的大、中型建筑装饰工程，乙种文本适用于 500 万元以下的建筑装饰工程。

第二节　装饰装修工程施工预算

一、施工预算的含义

施工预算是在建筑安装工程施工前，施工单位内部根据施工图纸和施工定额（亦称企业内部定额），在施工图概预算控制范围内所编制的预算。它以单位工程为对象，分析计算所需工程材料的规格、品种、数量；所需不同工种的人工数量；所需各种机械数量及各种机械台班数量；单位工程直接费；并提出各类构配件和外加工项目的具体内容等，以便有计划、有步骤地合理组织施工，从而达到节约人力、物力和财力的目的。

因此编制施工预算是加强企业内部经济核算，提高企业经营管理水平的重要措施。

二、施工预算的内容

施工预算的内容，是以单位工程为对象进行编制的，它由说明书及预算表格两大部分组成。

（一）说明书部分

说明书部分应简明扼要地叙述以下几方面内容：

1. 编制的依据（如采用的定额、图纸、施工组织设计等）。

2. 工程性质、范围及地点。

3. 对设计图纸和说明书的审查意见及现场勘察的主要资料（如水文、地质情况）。

4. 施工部署及施工期限。

5. 在施工中采取的主要技术措施，如机械化施工部署；土方调配方法、新技术、新材料，冬、雨季施工措施，安全措施及施工中可能发生的困难及处理方法。

6. 施工中采取的降低成本措施及建议。

7. 工程中尚存在及进一步落实解决的其他问题。

（二）表格部分

1. 工程量计算汇总表

工程量计算汇总表是按照施工定额的工程量计算规则计算出的重要基础数据，为了便于生产、调度、计划、统计及分期材料供应，可将工程量按照分层分段、分部位进行汇总，然后进行单位工程汇总。

2. 施工预算工料分析表

此表与施工图预算的工料分析编制方法相同，但要注意按照工程量计算汇总表的划分作出分层、分段、分部位的工料分析结果，为施工分期生产计划提供方便条件。

3. 人工汇总表

即将工料分析表中的人工按分层、分段、分部位、分工种进行汇总，此表是编制劳动力计划、进行劳动力调配的依据。

4. 材料汇总表

即将工料分析表中不同品种、规格的材料按层、段部位进行汇总，此表是编制材料成品、半成品计划的依据。

5. 施工机械汇总表

将各种施工机械及消耗台班或机械分名称进行汇总。

6. 施工预算表

将已汇总的人工、材料、机械消耗量，分别乘以所在地区的工资标准、材料单价、机械台班费，计算出直接费（有定额单价时可直接使用定额单价）。

7. 两算对比表（施工图概预算与施工预算）。

它为组织生产开展经济活动分析和实行经济核算提供了科学数据。

三、施工预算编制程序

施工预算的编制步骤与施工图概预算的编制步骤大体相同，因各地区施工定额有差别，没有统一的编制程序，一般可参照图9-3的框图进行。

四、施工预算编制方法

施工预算的编制方法有实物法和实物金额法两种。

1. 实物法

是根据图纸和施工组织设计及有关资料，结合施工定额的规定计算工程量，并套用施工定额计算并分析人工、材料、机械的台班数量，用这些数据可向工人队组签发任务书和限额领料单，进行班组核算。并与施工图概预算的人工、材料和机械数量的对比，分析超发或节约的原因，改进和加强企业管理。

2. 实物金额法

实物金额法分为两种计算方法：

（1）根据实物法计算工、料、机的数量，再分别乘以人工、材料和机械台班单价，求出人工费、材料费和机械使用费，上述三项费用之和即为单位工程直接费。

（2）在编有施工定额单位估价表的地区，可根据施工定额计算工程量，然后套用施工定额中的单价，逐项累加后即为单位工程直接费。

3. 实物法、实物金额法的编制程序

（1）熟悉施工图、施工组织设计及现场资料

熟悉图纸资料的要求，编制施工预算比编制施工图概预算要求更深透、更细致，这是施工预算定额的项目划分较为具体、细致的原因。如砂浆强度等级、玻璃厚度等许多技术细节，在编制施工图概预算时不受影响，而在施工预算中是必须弄清楚的问题。

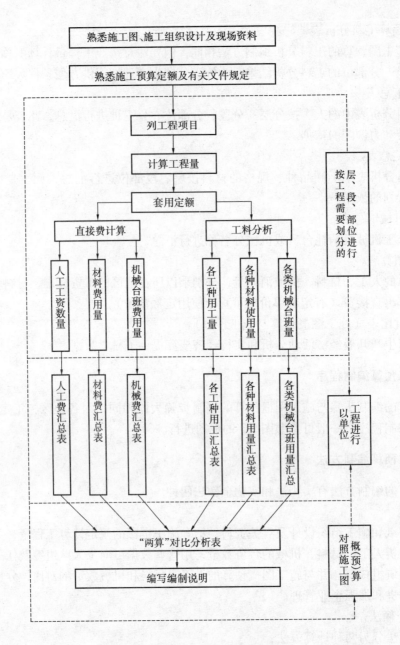

图 9-3　施工预算编制程序

（2）熟悉施工预算定额及有关文件规定

与概预算定额相比，施工预算定额的项目划分既多又细，各分项的工作内容、使用条件、计算规则、计算单位也有许多不同，对于初编或使用新施工预算定额时，都不可忽视这一环节。

（3）排列工程项目

为了较好地发挥施工预算指导工程施工的作用，配合签发施工任务单、限额领料单等管理措施的实施，往往按施工程序的分层、段、部位的顺序列工程项目，且兼顾施工预算定额的章节、项目顺序及施工图概预算的项目及顺序。这样一方面可减少漏项，为后面的"两

182

算"对比创造了有利条件，同时也能对施工图概预算起到一定的复核作用。

（4）计算工程量

按照上述分层、段、部位所列工程项目的划分及工程量计算规则进行计算。

（5）套用定额，按层、段、部位计算直接费及工料分析

这是施工预算中最重要的且工作量最大的工作内容，为便于计算，各地区根据当地的习惯制定了相应的表格，按项目所列内容逐项计算，分类汇总。

（6）单位工程直接费及人工、材料、机械台班消耗量汇总

将各层、段、分部中的人工费、材料费、机械费相加汇总就是单位工程直接费。

将各层、段、分部中的各工种人工、各种材料和机械台班分别进行汇总，最后就得出该单位工程的各工种人数（如木工、瓦工、钢筋工、抹灰工、架子工等）、各种材料（如钢筋、水泥、木材、机砖、白灰、石子、砂子、沥青、油漆等）和各类机械台班（如塔吊、卷扬机、搅拌机、打夯机等）的总需要量。

（7）进行"两算"对比分析

将施工图概预算与施工预算中的分部工程人工、材料、机械台班消耗量或价值，列成一一对应的对比表，进行对比计算，找出节约或超支的差额，考核施工预算是否能达到降低工程成本之目的。否则，应考虑重新研究施工方法和技术组织措施，修改施工方案，防止亏损。

（8）编写编制说明

编制说明的内容如前所述，装订时放在前面。

第三节　装饰装修工程竣工结算和竣工决算

一、工程竣工结算

（一）工程竣工结算的含义

工程竣工结算，是一个单位工程或单项建筑安装工程完工，并经建设单位及有关部门验收点交后，施工企业与建设单位之间办理的工程财务结算。

竣工结算意味着承、发包双方经济关系的最后结束。因此承、发包双方的财务往来必须结清。结算应根据《工程竣工结算书》和《工程价款结算账单》进行。前者是施工单位根据合同造价、设计变更增（减）项和其他经济签证费用编制的确定工程最终造价的经济文件，表示向建设单位应收的全部工程价款。后者是表示承包单位已向建设单位收进的工程款，其中包括建设单位供应的器材（填报时必须将未付给建设单位的材料价款减除）。以上两者必须由施工单位在工程竣工验收点交后编制，送建设单位审查无误并由建设银行审查同意后，由承、发包单位共同办理竣工结算手续，才能进行工程结算。

（二）工程竣工结算的原则和依据

工程竣工结算书，是进行工程结算的主要依据。其编制原则和依据分述如下：

1. 工程竣工结算书的编制原则

编制竣工结算书是一项细致工作，它既要正确地贯彻执行国家及地方的有关规定，又要实事求是地反映建筑安装工人所创造的价值。其编制原则如下：

（1）严格遵守国家和地方的有关规定，以保证建筑产品价格的统一性和准确性。

（2）坚持实事求是的原则。

编制竣工结算书的项目，必须是具备结算条件的项目。对要办理竣工结算的工程项目内容，要进行全面清点，包括工程数量、质量等，都必须符合设计要求及施工验收规范。未完工程或工程质量不合格的，不能结算，需要返工的，应返修并经验收点交后，才能结算。

2. 编制工程竣工结算书的依据

（1）工程竣工报告及工程竣工验收单。这是编制工程竣工结算的首要条件。未经竣工验收合格的工程不准结算。

（2）工程承包合同或施工协议书。

（3）经建设单位及有关部门审核批准的原工程概预算及增减概预算。

（4）施工图纸、设计变更通知单、技术洽商及现场施工变更记录。

（5）在工程施工过程中实际发生的参考概预算价差价凭据，暂估价差价凭据，以及合同中规定的需持凭据进行结算的原始凭证。

（6）地区现行的概预算定额、基本建设材料预算价格、费用定额及有关规定。

（7）其他有关资料。

（三）工程竣工结算书的编制方法

工程竣工书的编制内容和方法随承包方式的不同而有所差异。

1. 采用施工图概预算承包方式的工程结算

采用施工图概预算承包方式的工程，由于在施工过程中不可避免地要发生一些设计变更、材料代用、施工条件的变化、某些经济政策的变化以及人力不可抗拒的因素等等。这些情况绝大多数都要增加或减少一些费用，从而影响到施工图概预算价格的变化。因此，这类工程的竣工结算书是在原工程概预算的基础上，加上设计变更增减项和其他经济签证费用编制而成，所以又称预算结算制。

2. 采用施工图概预算加包干系数或平方米造价包干形式承包的工程的结算

采用这类承包方式一般在承包合同中已分清了承、发包之间的义务和经济责任，不再办理施工过程中所承包内容内的经济洽商，在工程竣工结算时不再办理增减调整。工程竣工后，仍以原概预算加包干系数或平方米造价的价值进行竣工结算。

3. 采用招标投标方式承包工程的结算

采用招标投标方式的工程，其结算原则上应按中标价格（即成交价格）进行。但是一些工期较长，内容比较复杂的工程，在施工过程中，难免发生一些较大的设计变更和材料价格的调整，如果在合同中规定有允许调价的条文，施工单位在工程竣工结算时，在中标价格的基础上进行调整。合同条文规定允许调价范围以外的费用，建筑企业可以向招标单位提出洽商或补充合同，作为结算调整价格的依据。

4. 采用 $1m^2$ 造价包干方式结算

民用住宅装饰装修工程一般采用这种结算方式，它与其他工程结算方式相比，手续简便。它是双方根据一定的工程资料，事先协商好每 $1m^2$ 的造价指标，然后按建筑面积汇总造价，确定应付工程价款。

二、工程竣工决算

竣工决算又称竣工成本决算。分为施工企业内部单位工程竣工决算和基本建设项目竣工决算，现分述如下：

1. 单位工程竣工成本决算

它是指施工企业内部，以单位工程为对象，以工程竣工后的工程结算为依据，通过实际工程成本分析，为核算一个单位工程的预算成本、实际成本和成本降低额而编制的单位工程竣工成本决算。企业通过内部成本决算，进行实际成本分析，评价经营效果，以利总结经验，不断提高企业经营管理水平。

2. 基本建设项目竣工决算

它是由建设单位在整个建设项目竣工后，以建设单位自身开支和自营工程决算及承包工程单位在每项单位工程完工后向建设单位办理工程结算的资料为依据进行编制的。反映整个建设项目从筹建到竣工验收投产的全部实际支出费用。即建筑工程费用、安装工程费用、设备、工器具购置费用和其他费用等。

基本建设竣工决算，是基本建设经济效果的全面反映，是核定新增固定资产和流动资产价值，办理交付使用的依据。通过编制竣工决算，可以全面清理基本建设财务，做到工完账清，便于及时总结基本建设经验，积累各项技术经济资料，提高基建管理水平和投资效果。

竣工决算按大、中型建设项目和小型建设项目编制。大、中型建设项目的竣工决算内容包括：竣工工程概况表，竣工财务决算表，交付使用财产总表，以及交付使用财产明细表。小型建设项目竣工决算内容包括：小型建设项目竣工决算总表和交付使用财产明细表。

表格的详细内容及具体做法按地方基建主管部门的规定填报。

竣工决算必须内容完整、核对准确、真实可靠。

第四节　装饰装修工程造价的审核

一、装饰装修工程造价审核简述

由于建筑装饰材料品种繁多，装饰技术日益更新，装饰类型各具特色，装饰工程造价影响因素较多，因此，为了合理确定装饰工程造价，保证建设单位、施工单位的合法经济利益，必须加强装饰工程预算的审核。

合理而又准确地对装饰工程造价进行审核，不仅有利于正确确定装饰工程造价，同时也为加强装饰企业经济核算和财务管理提供依据，合理审核装饰工程预算还将有利于新材料、新工艺、新技术的推广和应用。

对于工程量清单计价来说，通过市场竞争形成价格，以及招标投标制、合同制的建立与完善，似乎审核作用已不明显。但实际上，审核在清单报价中仍很重要。业主对工程量的自行审核以及对承包商的综合单价和工程总价的审核，承包商对综合单价和工程总价的自行审核，对工程造价的确定起着非常重要的作用。从双方合作的全过程来看，从投标报价、签订合同价、工程结算到竣工结算，业主和承包商实际上都要经历一个工程造价完整的计量计价审核过程，这也是双方对工程造价确定的责任。

对于传统预算法，工程造价的审核作用已被人们公认，得到了广泛应用，并形成了成熟且较完善的审核方法。

无论是传统预算的审核，还是工程量清单计价的审核，很多审核的理论和方法是通用的，但也存在一些不同的审核内容和技巧等。下面我们主要从传统方法介绍有关工程造价的审核，并对工程量清单计价的审核作了解介绍。

二、工程造价审核的依据和形式

（一）工程造价审核的依据

1. 国家或省（市）颁发的现行定额或补充定额以及费用定额。
2. 现行的地区材料预算价格、本地区工资标准及机械台班费用标准。
3. 现行的地区单位估价表或汇总表。
4. 装饰装修施工图纸。
5. 有关该工程的调查资料。
6. 甲乙双方签订的合同或协议书以及招标文件。
7. 工程资料，如施工组织设计等文件资料。

（二）工程造价审核的形式

1. 会审

是由建设单位、设计单位、施工单位各派代表一起会审，这种审核发现问题比较全面，又能及时交换意见，因此审核的进度快、质量高，多用于重要项目的审核。

2. 单审

是由审计部门或主管工程造价工作的部门单独审核。这些部门单独审核后，各自提出的修改意见，通知有关单位协商解决。

3. 建设单位审核

建设单位具备审核工程造价条件时，可以自行审核，对审核后提出的问题，同工程造价的编制单位协商解决。

4. 委托审核

随着造价师工作的开展，工程造价咨询机构应运而生，建设单位可以委托这些专门机构进行审核。

三、工程造价审核的步骤

（一）审核前准备工作

1. 熟悉施工图纸。施工图是编制与审核预算分项数量的重要依据，必须全面熟悉了解。
2. 根据预算编制说明，了解预算包括的工程范围，以及会审图纸后的设计变更等。
3. 弄清所用单位工程估价表的适用范围，搜集并熟悉相应的单价、定额资料。

（二）选择审核方法

工程规模、繁简程度不同，编制工程预算的繁简和质量就不同，应选择适当的审核方法进行审核。

（三）整理审核资料并调整定案

综合整理审核资料，同编制单位交换意见，定案后编制调整预算。经审核如发现差错，应与编制单位协商，统一意见后进行相应增加或核减的修正。

四、工程造价审核的主要方法

（一）全面审核法

全面审核法就是根据实际工程的施工图、施工组织设计或施工方案、工程承包合同或招标文件，结合现行定额或有关参照定额以及相关市场价格信息等，全面审核工程造价的工程量、定额单价以及工程费用计算等。对于传统预算的全面审核，其过程是一个完整的预算过程；对于工程量清单计价的全面审核，则是一个计量与计价分别的审核，或者说是一种虚拟全程审核。全面审核相当于将预算再编制一遍，其具体计算方法和审查过程与编制预算基本相同。

全面审核法的优点是全面细致，审查质量高、效果好，一般来讲经审核的工程预算差错比较少。其缺点是工作量大，耗费时间多。其适用的对象主要是工程量比较小、工艺比较简单的工程及编制预算的技术力量比较薄弱的工程预算。

（二）重点审核法

重点审核法就是抓住工程预算中的重点进行审核的方法。审核的重点一般有：

1. 工程量大或费用高的分项（子项）工程的工程量。

2. 工程量大或费用高的分项（子项）工程的定额单价。

3. 换算定额单价。

4. 补充定额单价。

5. 各项费用的计取。

6. 材料价差。

7. 其他。

对于工程量清单计价，业主编制工程量清单时重点审核工程量大或造价较高、工程结构复杂的工程的工程量等内容，以及在投标后重点审核重要的综合单价、措施费、总价等内容；承包商重点审核工程量大或造价较高、工程结构复杂的工程的综合单价及工程量、各项措施费用及总价等内容。在合作的全过程，双方对所有这些重点内容都要进行各自审核。

重点审核法的优点是重点突出，审核时间短，效果较好；其缺点是只能发现重点项目的差错，而不能发现工程量较小或费用较低项目的差错，预算差错不可能全部纠正。

（三）分组计算审核法

分组计算审核法就是把预算中的项目分为若干组，将相邻且有一定内在联系的项目编为一组，审查或计算同一组中某个分项工程量，利用工程量间具有相同或相似计算基础的关系，可以判断同组中其他几个分项工程量计算是否准确的一种审核方法。例如，在建筑装饰装修工程预算中，将楼地面装饰与天棚装饰分为一组。天棚与楼地面的工程量在一般情况下基本上是一致的，主要为主墙间净面积，所以只需计算一个工程量。如果天棚和楼地面做法有特殊要求，则应进行相应调整。

（四）对比审核法

对比审核法是指用已建成工程的预决算或未建成但已经审核修正过的预算对比审核拟建的类似工程预算的一种审核方法。

（五）标准预算审核法

标准预算审核法是指对于利用标准图或通用图施工的工程，先编制一定的标准预算，然后以其为标准审核预算的一种方法。

工程预算造价审核的方法多种多样，我们可以根据工程实际选择其中一种，也可以同时选用几种综合使用。

五、装饰装修工程造价审核的质量控制

（一）审核中常见的问题及原因

1. 分项子目列错

分项子目列错有重项或漏项两种情况。

重项是将同一工作内容的子目分成两个子目列出。例如：面砖水泥砂浆粘贴，列成水泥砂浆抹灰和贴面砖两个子目，消耗量定额中已规定面砖水泥砂浆粘贴已包括水泥砂浆抹灰。造成重项的原因是：没有看清该分项子目的工作内容；对该分项子目的构造做法不清楚；对消耗量定额中分项子目的划分不了解等。

漏项是该列上的分项子目却没有列上，遗忘！造成漏项的主要原因是：施工图纸没有看清楚；列分项子目时心急忙乱；对消耗量定额中分项子目的划分不了解等。

2. 工程量算错

工程量算错有计算公式用错和计算操作错误两种情况。

计算公式用错是指运用面积、体积等计算公式错误，导致计算结果错误。造成计算公式用错的主要原因是：计算公式不熟悉；没有遵循工程量计算规则。

计算操作错误是计算器操作不慎，造成计算结果差错。造成计算操作的主要原因是：计算器操作时慌张，思想不集中。

3. 定额套错

定额套错是指该分项子目没有按消耗量定额中的规定套用。造成定额套错的主要原因是：没有看清消耗量定额上分项子目的划分规定；对该分项子目的构造做法尚不清楚；没有进行必要的定额换算。

4. 费率取错

费率取错是指计算技术措施费、其他措施费、利润、税金时各项费率取错，以致这些费用算错。造成费率取错的主要原因是；没有看清各项费率的取用规定；各项费用的计算基础用错；计算操作上失误。

（二）控制和提高审核质量的措施

1. 审查单位应注意装饰预算信息资料的收集

由于装饰材料日新月异，新技术、新工艺不断涌现，因此，应不断收集、整理新的材料价格信息、新的施工工艺的用工和用料量，以适应装饰市场的发展要求，不断提高装饰预算审查的质量。

2. 建立健全审查管理制度

（1）健全各项审查制度。包括：建立单审和会审的登记制度；建立审查过程中的工程量计算、定额单价及各项取费标准等依据留存制度；建立审查过程中核增、核减等台账填写与留存制度；建立装饰工程审查人、复查人审查责任制度；确定各项考核指标，考核审查工作的准确性。

（2）应用计算机建立审查档案。建立装饰预算审查信息系统，可以加快审查速度，提高审查质量。系统可包括：工程项目、审查依据、审查程序、补充单价、造价等子系统。

3. 实事求是，以理服人

审查时遇到列项或计算中的争议问题，可主动沟通，了解实际情况，及时解决；遇到疑难问题不能取得一致意见，可请示造价管理部门或其他有权部门调解、仲裁等。

参 考 文 献

[1] 住房和城乡建设部. 建设工程工程量清单计价规范[S]. 北京：中国计划出版社，2013.

[2] 规范编制组. 2013 建筑工程计价计量规范辅导[M]. 北京：中国计划出版社，2013.

[3] 建设部. 全国统一建筑工程基础定额[M]. 北京：中国计划出版社，2003.

[4] 建设部. 全国统一施工机械台班费用编制说明[M]. 北京：中国建筑工业出版社，2001.

[5] 建设部. 全国统一建筑装饰装修工程消耗量定额[M]. 北京：中国计划出版社，2002.

[6] 建设部. 全国统一建筑工程预算工程量计算规划[M]. 北京：中国计划出版社，1995.

[7] 许焕兴. 工程造价[M]. 大连：东北财经大学出版社，2003.

[8] 许焕兴. 国际工程承包[M]. 大连：东北财经大学出版社，2002.

[9] 马维珍. 工程计价与计量[M]. 北京：清华大学出版社，2005.

[10] 王朝霞. 建筑工程定额与计价[M]. 北京：中国电力出版社，2004.

[11] 造价员培训教程编委会. 装饰装修工程[M]. 北京：中国建筑工业出版社，2004.

[12] 邢莉燕. 工程量清单的编制与投标报价[M]. 济南：山东科学技术出版社，2004.

[13] 徐学东. 建筑工程估价与报价[M]. 北京：中国计划出版社，2005.

[14] 张国栋. 图解建筑工程工程量清单计算手册[M]. 北京：机械工业出版社，2004.

[15] 李文利. 建筑装饰工程概预算[M]. 北京：机械工业出版社，2003.

[16] 许炳权. 装饰装修工程概预算[M]. 北京：中国建材工业出版社，2003.

[17] 住房和城乡建设部. 房屋建筑与装饰工程工程量计算规范. 北京：中国计划出版社，2013.